ぶらり大阪「高低差」地形さんぽ

BURARI
OSAKA
KOUTEISA
CHIKEI
SAMPO

新之介

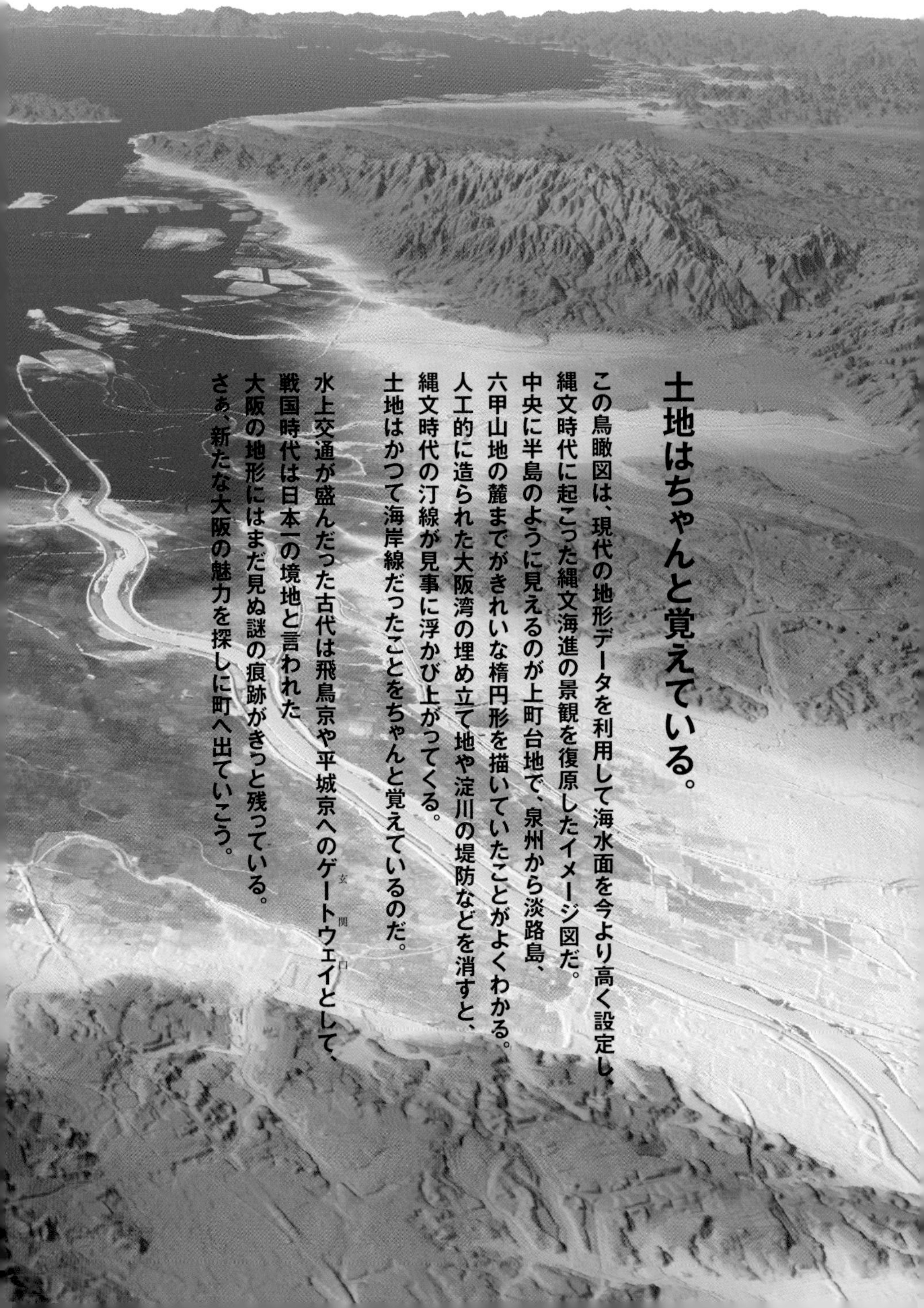

土地はちゃんと覚えている。

この鳥瞰図は、現代の地形データを利用して海水面を今より高く設定し、縄文時代に起こった縄文海進の景観を復原したイメージ図だ。中央に半島のように見えるのが上町台地で、泉州から淡路島、六甲山地の麓までがきれいな楕円形を描いていたことがよくわかる。人工的に造られた大阪湾の埋め立て地や淀川の堤防などを消すと、縄文時代の汀線が見事に浮かび上がってくる。土地はかつて海岸線だったことをちゃんと覚えているのだ。

水上交通が盛んだった古代は飛鳥京や平城京へのゲートウェイ《玄関口》として、
戦国時代は日本一の境地と言われた
大阪の地形にはまだ見ぬ謎の痕跡がきっと残っている。
さぁ、新たな大阪の魅力を探しに町へ出ていこう。

まえがき

大阪を地形という切り口で紹介することで、新たな町の魅力発見につながるのではないか。これが、産経新聞の編集者からお話をいただいた企画趣旨だった。

この本は、平成29年（2017）4月から産経新聞夕刊（関西版）で毎月連載していた「ぶらり大阪地形さんぽ」の34回分をまとめたものである。1話1話は「読み切り」で、そのほとんどのスタート地点を駅にしているのは、ふらっと行ってブラブラ地形を意識しながら歩いてもらいたいという思いからだ。

「地形さんぽ」といわれてもピンとこない方もいらっしゃるかもしれないが、簡単にいうと町に点在する高低差を歩きながら、歴史と地形との関係をひも解いて歩くこと。地形に沿って歩くと、今まで気づかなかったものに気づいたり、新たな発見をすることがある。例えば、知っている場所でも、歴史と地形との関係を重ねると、歴史書にも書かれていない思わぬ気づきがあったりもする。そういう意味でも「地形さんぽ」には、町の魅力を再発見する可能性がたくさん詰まっていると思っている。

1冊の本にするにあたり、そもそも大阪はどのような地形をしているのかの概論を書くことにした。本来なら大阪周辺だけでもいいのかもしれないが、かなり広範囲に日本列島の成り立ちや地質のことなどを書いている。

ＮＨＫの『ブラタモリ』で、タモリさんが岩を見ただけで興奮しながら喜んでいるシーンを見たことがある。おそらくタモリさんの頭の中では、その岩がどのようにして誕生し、目の前になぜ存在しているのか、数億年、数万年単位の地球のドラマを妄想しているのだろうと勝手に思っている。

その妄想にはもちろん知識や見識が必要かもしれないが、私たちもタモリさんみたいに岩を見て喜べたらどんなに楽しいだろう。それがこの本のもう一つの目的でもある。学生時代に学んだはずの地理や地学をもう一度思い出し、最新の研究成果を少しだけ知る。それだけでもタモリさんに少しは近づけるかもしれない。

大阪の地形はそれほど珍しくない沖積平野だと思われがちだが、上町台地がその中心部にあることと、奈良や京都に近いことで、全国的に見てもかなり稀有な地形と歴史の変遷をたどってきている。街の魅力として、東京や京都にも負けないポテンシャルが古層には眠っているのだ。

大阪の隠れた魅力をこの本で少しでも浮かび上がらせることができれば幸いである。

大阪「高低差」地形さんぽ《ぶらり》

目次

まえがき 004
大阪「高低差」地形さんぽマップ 008
地形さんぽマップの見方 009

歩き前始める前に
ジオ・オオサカ――大阪の地形を知る
『ブラタモリ』が教えてくれた地形の魅力 010
学校で習った（はずの）地形の基礎 011
大阪平野を俯瞰で見渡す 012
凹凸地形をつくるプレートテクトニクス 014
地球表面のドレープ 016
付加体は日本列島の土台 018
縄文海進からの地形の変遷 021

大阪市中・北部
01 龍造寺 026
02 空堀商店街 030
03 天満橋 034
04 真田丸 038
05 京橋 044
06 大阪城① 050
07 大阪城② 054
08 梅田 058
09 十三 062

大阪市南部
10 道頓堀 068
11 天王寺七坂① 072
12 天王寺七坂② 076
13 天王寺七坂③ 080
14 四天王寺 086
15 阿倍野 090

16 住吉大社 096
17 平野 100

泉州

18 堺① 106
19 堺② 110
20 貝塚 114
21 岸和田 120
22 岬町 淡輪 124

河内

23 古市古墳群① 130
24 古市古墳群② 134
25 八尾・久宝寺 138
26 富田林 142
27 石切 148
28 枚方 152
29 交野 星田 156

北摂

30 大山崎 164
31 高槻 摂津峡 168
32 豊中 曽根 172
33 箕面① 176
34 箕面② 箕面大滝 180

地形さんぽをもっと楽しむヒント

GIS（地理情報システム）を活用しよう 186
［パソコン編］「カシミール3D」の素敵な世界 187
①標高の高さに合わせて色を変える 188
②今昔マップを重ねる 189
③等高線を標高データと重ねる 190
④3Dレンダリングできる「カシバード」を搭載 191
［スマホ編］スーパーなスマホ用アプリ「スーパー地形」 192
書を捨てスマホを持って町に出よう！ 193
参考文献 195
あとがき 198

大阪「高低差」地形さんぽマップ

大阪市内拡大図

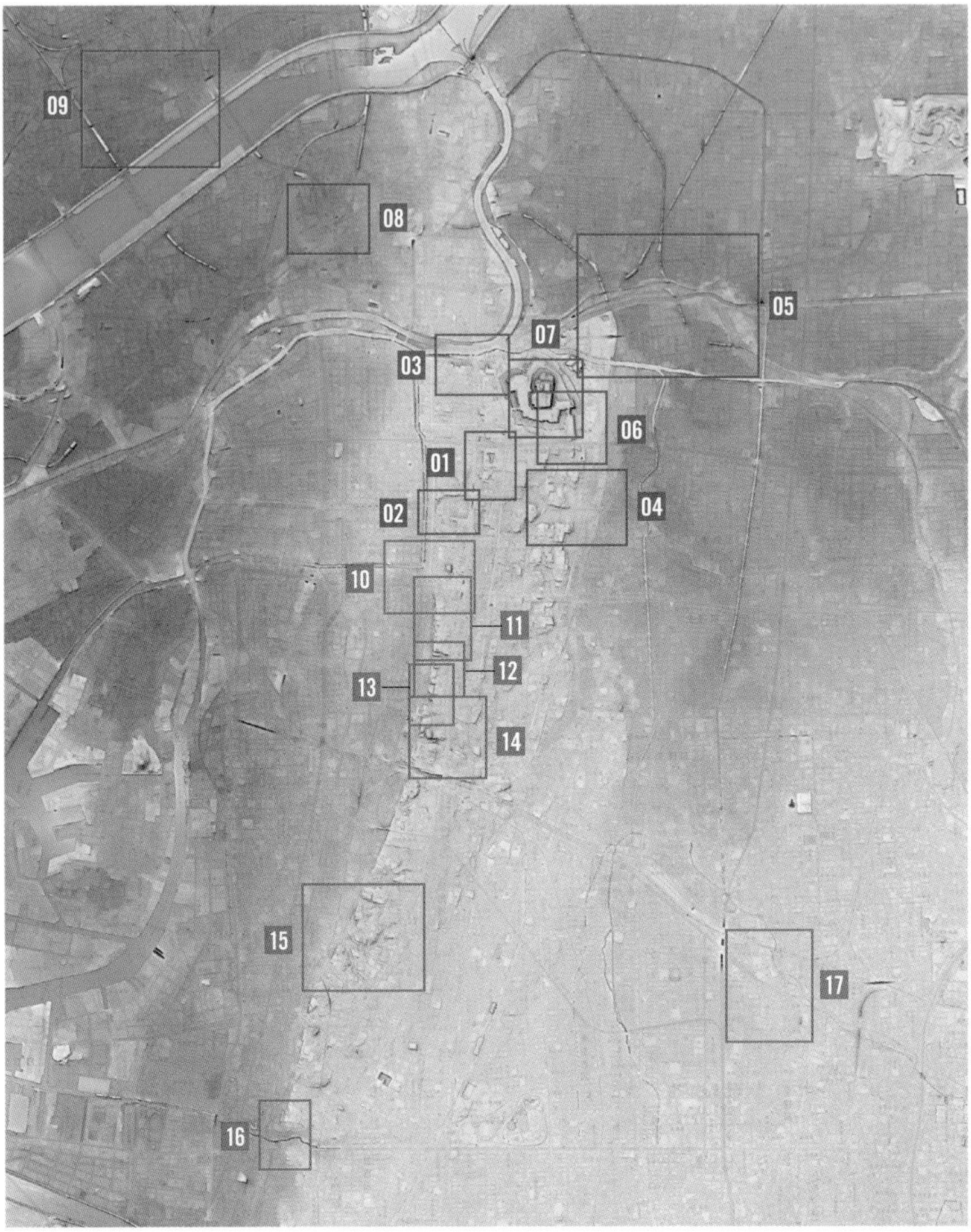

|大阪市中・北部|
01 龍造寺 026
02 空堀商店街 030
03 天満橋 034
04 真田丸 038
05 京橋 044
06 大阪城① 050
07 大阪城② 054
08 梅田 058
09 十三 062

|大阪市南部|
10 道頓堀 068
11 天王寺七坂① 072
12 天王寺七坂② 076
13 天王寺七坂③ 080
14 四天王寺 086
15 阿倍野 090
16 住吉大社 096
17 平野 100

|泉州|
18 堺① 106
19 堺② 110
20 貝塚 114
21 岸和田 120
22 岬町 淡輪 124

|河内|
23 古市古墳群① 130
24 古市古墳群② 134
25 八尾・久宝寺 138
26 富田林 142
27 石切 148
28 枚方 152
29 交野 星田 156

|北摂|
30 大山崎 164
31 高槻 摂津峡 168
32 豊中 曽根 172
33 箕面① 176
34 箕面② 箕面大滝 180

大阪全体図

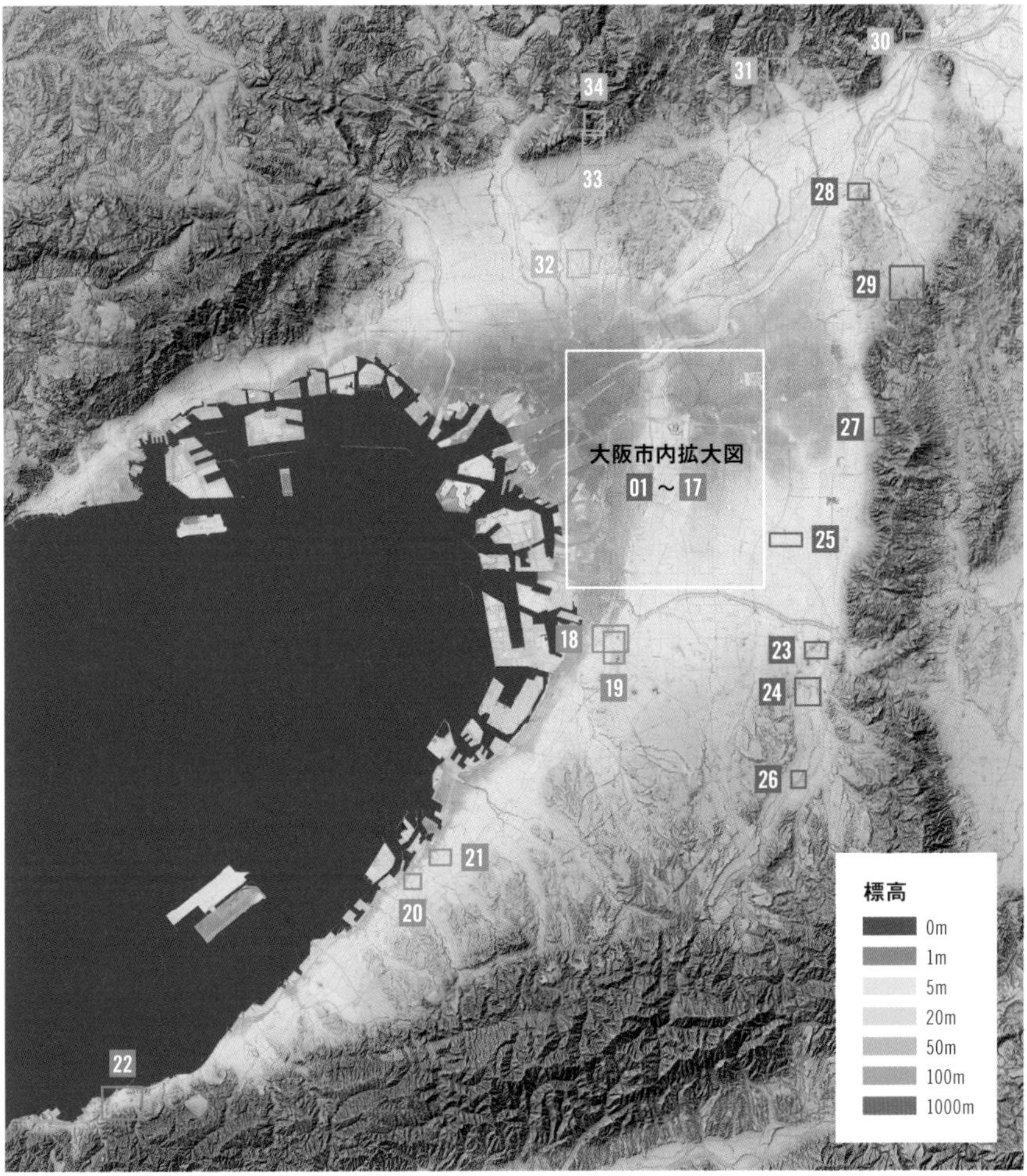

地形さんぽマップの見方

①**地形図**は、緑色が濃くなるほど標高が高く、薄くなるほど低くなる。

②**ルート**は、本文で紹介しているスポットをつないだもので、これに沿って歩くのもいいが、気になる場所を見つけたらルートを離れて自分なりの地形さんぽを楽しんでほしい。

③**番号**は本文で登場するスポットに対応しているが、中にはプロットされていない番号もある。あくまでも本文登場順にプロットしたものであり、順番通りに歩かなくても構わない。

④**堀や川跡**などを斜線で示している。かつての景観を想像しながら歩いてほしい。

⑤**各エリアのポイント**を短くまとめている。出かける前の参考にしてほしい。

歩き始める前に

ジオ・オオサカ――大阪の地形を知る

『ブラタモリ』が教えてくれた地形の魅力

大型書店に行くと、地理や地形に関する書籍が増えたことに気づく。特に東京の書店では、凹凸地形や暗渠、地理などのタイトルがついた書籍や雑誌がたくさん並んでおり、ちょっとした地形ブームのように思えたことがあった。その背景には、ＮＨＫの『ブラタモリ』の影響も大きいだろう。

『ブラタモリ』は、全国各地の観光地にタモリさんと女性アナウンサーが訪れ、よくある観光地紹介ではなく、地形や地質から町のなりたちをひも解いていくという手法で町の魅力を紹介している。

内容もさることながら、その土地の専門家が出す問題を、タモリさんが見事に答え、専門家が舌を巻くところの痛快さと、観ている視聴者も少し知識を得たという納得感が人気の要因かもしれない。

さらに、「タモリさんって地形や地質が本当に大好きなんだ」というところがテレビ画面の向こうから伝わってくるところも魅力のひとつだろう。

例えば、埼玉県の長瀞《ながとろ》の回では、紅簾石片岩《こうれんせきへんがん》に大興奮していたのが印象的だった。視聴者は、タモリさんがなぜ紅簾石片岩に興奮しているのか不思議になるのだが、専門家が片岩の成り立ちなどを説明し、視聴者と同じ立場にいる女性アナウンサーと視聴者も理解するという流れだ。そして、「タモリさんってスゴい！」となるわけである。

ちょっと冷静に考えると、石や岩を見ただけで興奮できる人って羨ましくも思える。そのような感覚を持っていると、旅行先で目的地へ向かう道中もきっと違う楽しみ方ができるはず。観光地ではない町の楽しみ方を、タモリさんや「ブラタモリ」で学んだように思うのだ。

学校で習った（はずの）地形の基礎

地理や地学を学生時代に学んだ後、それらを意識することなく日々の生活を過ごしている方も多いのではないだろうか。そういう私は、まったく意識することなく40年以上を過ごしてきたように思う。ここで学生時代に学んだであろう地形について少しだけおさらいをしておきたい。

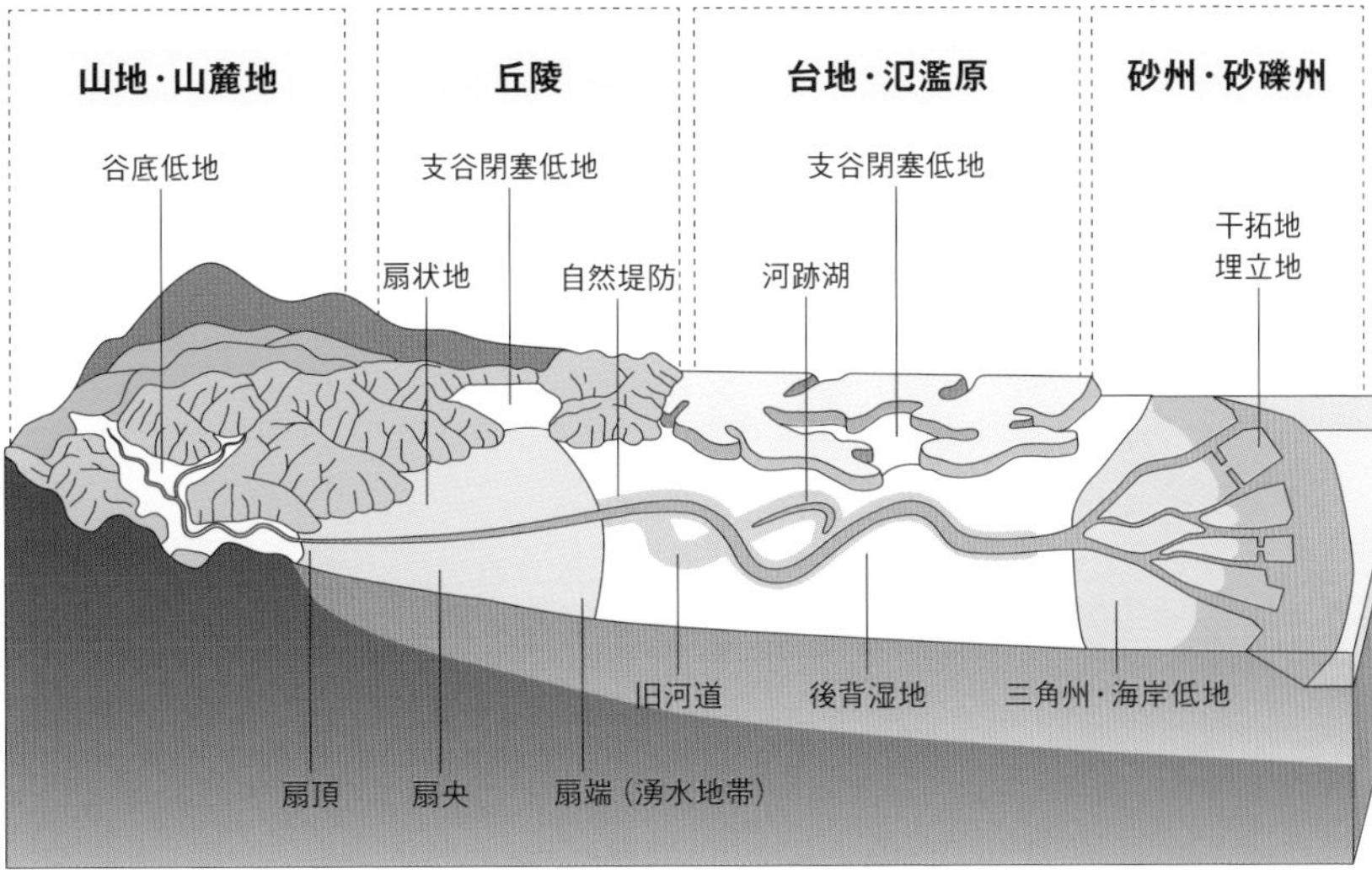

河成複式堆積低地の模式図

鈴木隆介『建設技術者のための地形図読図入門・第2巻 低地』（古今書院）に加筆して作成

山間部を流れる川は、山を削りながらＶ字谷をつくり、削れた土砂などが谷を埋めた谷底低地を形成する。川は山間部から平野部に出るところで扇を広げたような形で土砂が堆積した扇状地をつくる。その扇端には、水に恵まれた湧水地帯が生まれるのだ。地殻変動などで土地が隆起すると、川は土地の低い場所を探しながらくねくねと蛇行して流れ、平野を削りながら氾濫原をつくり、台地などを削って河岸段丘をつくる。洪水などで川の流路が変わった後には三日月湖（河跡湖）が、川の両サイドには、土砂が堆積した自然堤防とその背後に後背湿地。河口付近では、枝分かれした川と川の間に中州ができて三角州が形成され、土地を広げていったのだ。大阪平野もおおよそこのような経緯を経て形成されているのである。

大阪平野を俯瞰で見渡す

それでは、大阪平野の全体がどのような凹凸地形

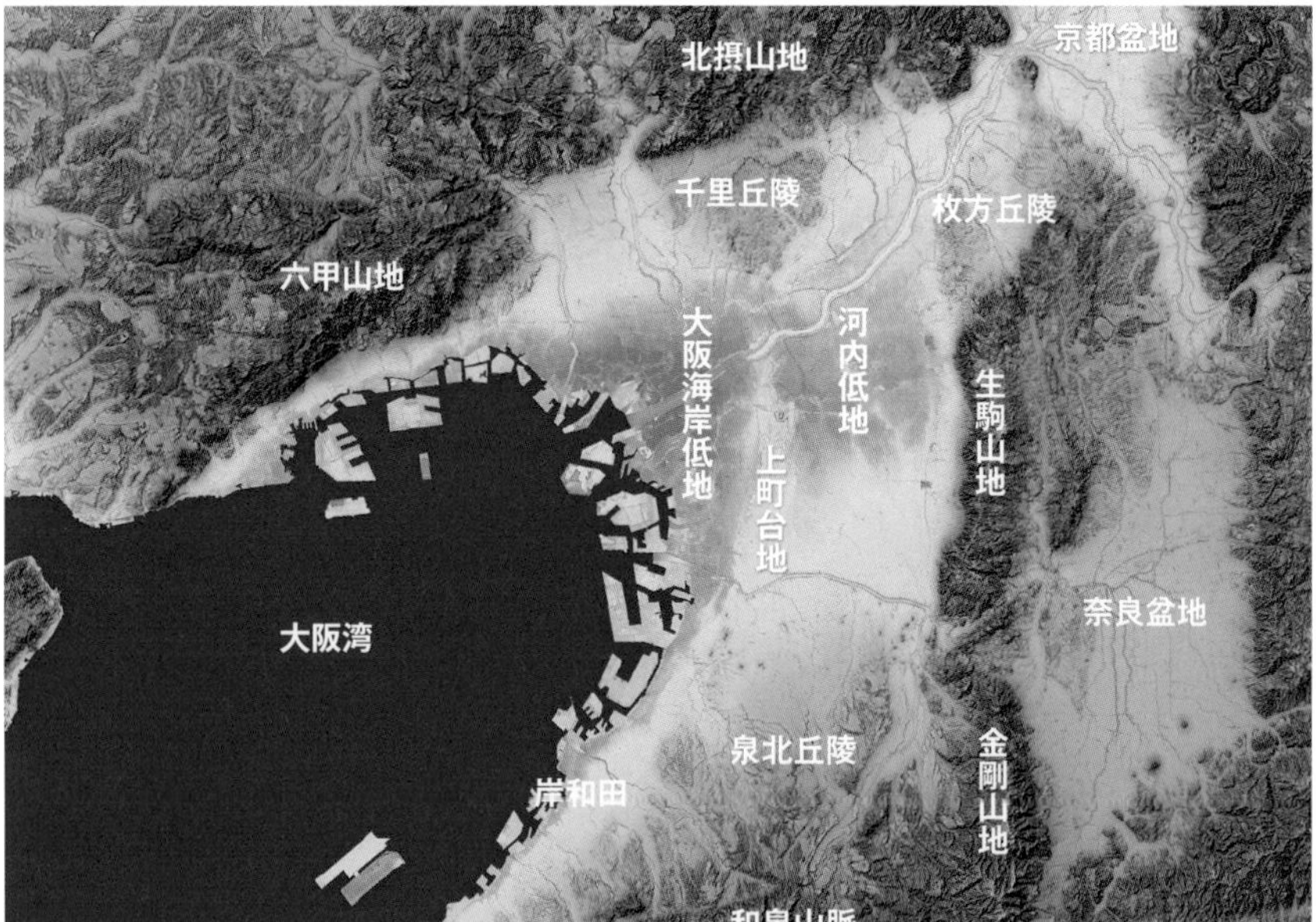

凹凸が連続する大阪周辺の地形図

瀬戸内海のドンツキに位置する大阪は、水上交通が盛んだった古代には、奈良盆地や京都盆地へアクセスするための玄関口の役割を担っていたことが地形からも読み解ける。

をしているのかを眺めていくことにしよう。

北には北摂山地と六甲山地があり、東には生駒山地と金剛山地、南には和泉山脈が大阪平野を囲むように連なり、西は大阪湾が広がっている。大阪平野の中央部には上町台地があり、その東西に河内低地と大阪海岸低地がある。

山地と低地の間には、北に千里丘陵と枚方丘陵が、南に泉北丘陵があり、生駒山地の東には奈良盆地、その北に京都盆地が広がっている。京都盆地からは淀川が、奈良盆地からは大和川という二大河川が流れることで、広大な沖積平野が生まれたのである。

大阪の街の基盤は、豊臣秀吉が上町台地の先端部に築いた大坂城とその西側の低地につくった船場などの城下町が始まりだ。徳川時代には高槻城が改修され、岸和田城は惣構えと城下町を整備、尼崎にも城が整備された。沖積平野には広大な田園地帯と無数の集落が広がっていったのだ。

それらは、まるで神経細胞が繋がるネットワークのように、街道と旧道、水路などが集落と集落を結んでいたのである。近代になると鉄道の敷設により

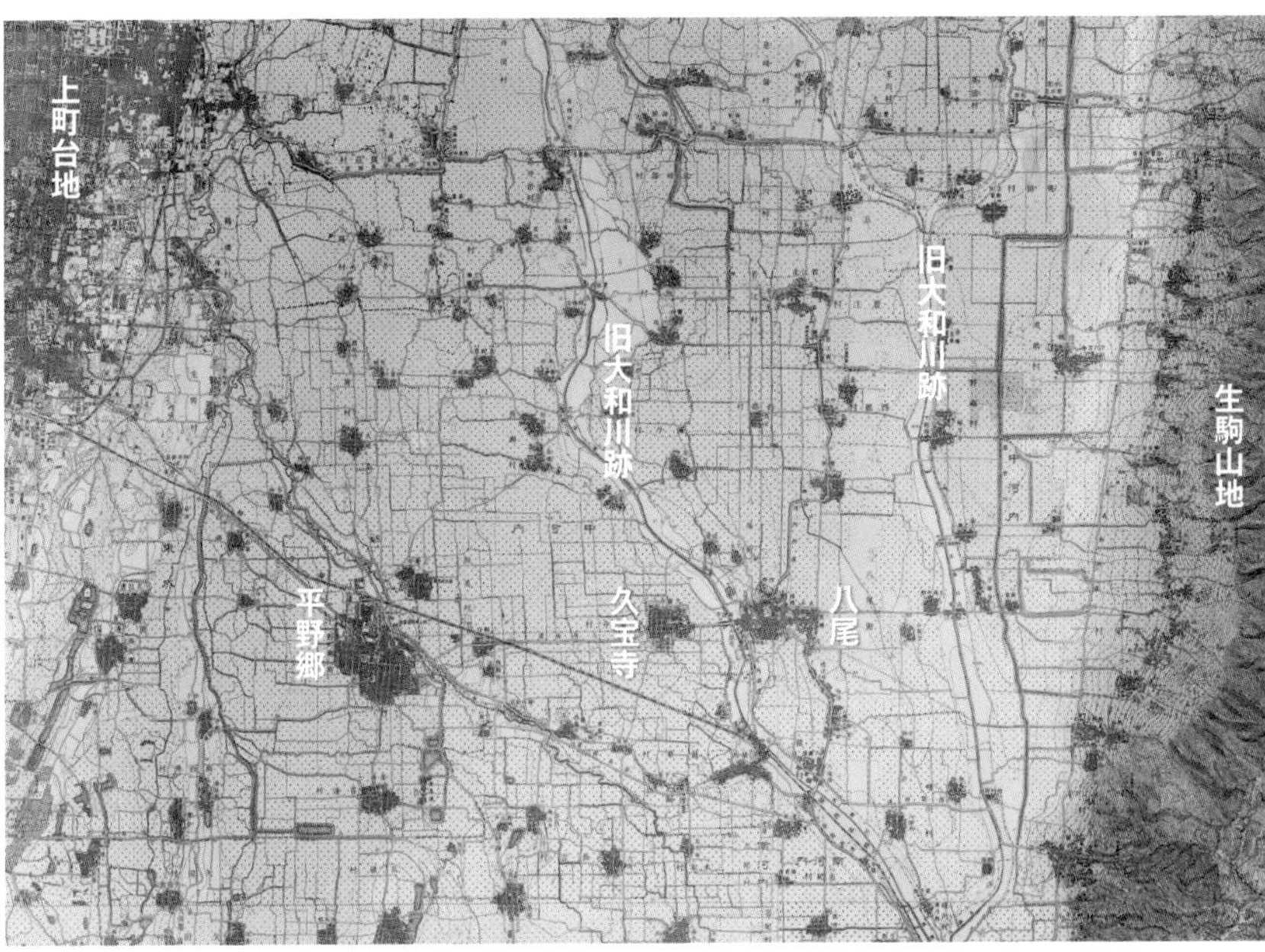

明治時代の地図と地形図を重ねた河内平野の様子

広大な沖積平野の全域に水田が広がり、自然堤防など微高地に集落が形成され、旧道や水路で村々が繋がっていた様子が読み解ける。

「実測大阪市街全図」に加筆して作成

駅が設置され、田園地帯は次第に工場や住宅地に変わっていき、戦時中の大空襲を乗り越えて今の大阪があるのだ。

また、大阪の地形の興味深いところは、さらに古代にさかのぼったところにある。日本に律令国家が成立した飛鳥時代の舞台は奈良盆地であり、大阪はその玄関口にあたる。当時は難波《なにわ》と呼ばれ、国家の外港として難波津《なにわづ》や住吉津《すみのえのつ》が置かれ、外交施設も難波に置かれていたという。

律令国家になる前は「津国《つのくに》」とも呼ばれ、まさに国が管轄する港（津）が集まる国であった。瀬戸内海のドンツキでもあり、古代まで遡っても興味が尽きないエリアなのである。

凹凸地形をつくるプレートテクトニクス

では、こうした地形の特徴はどのようなメカニズムで生まれてくるのだろうか。

地球の表面は十数枚の巨大な岩盤プレートで覆われており、日本列島の周辺には4枚のプレートがある。日本列島は大陸プレートであるユーラシアプレートと北米プレートの上にあり、その下を海洋プレートの太平洋プレートとフィリピン海プレー

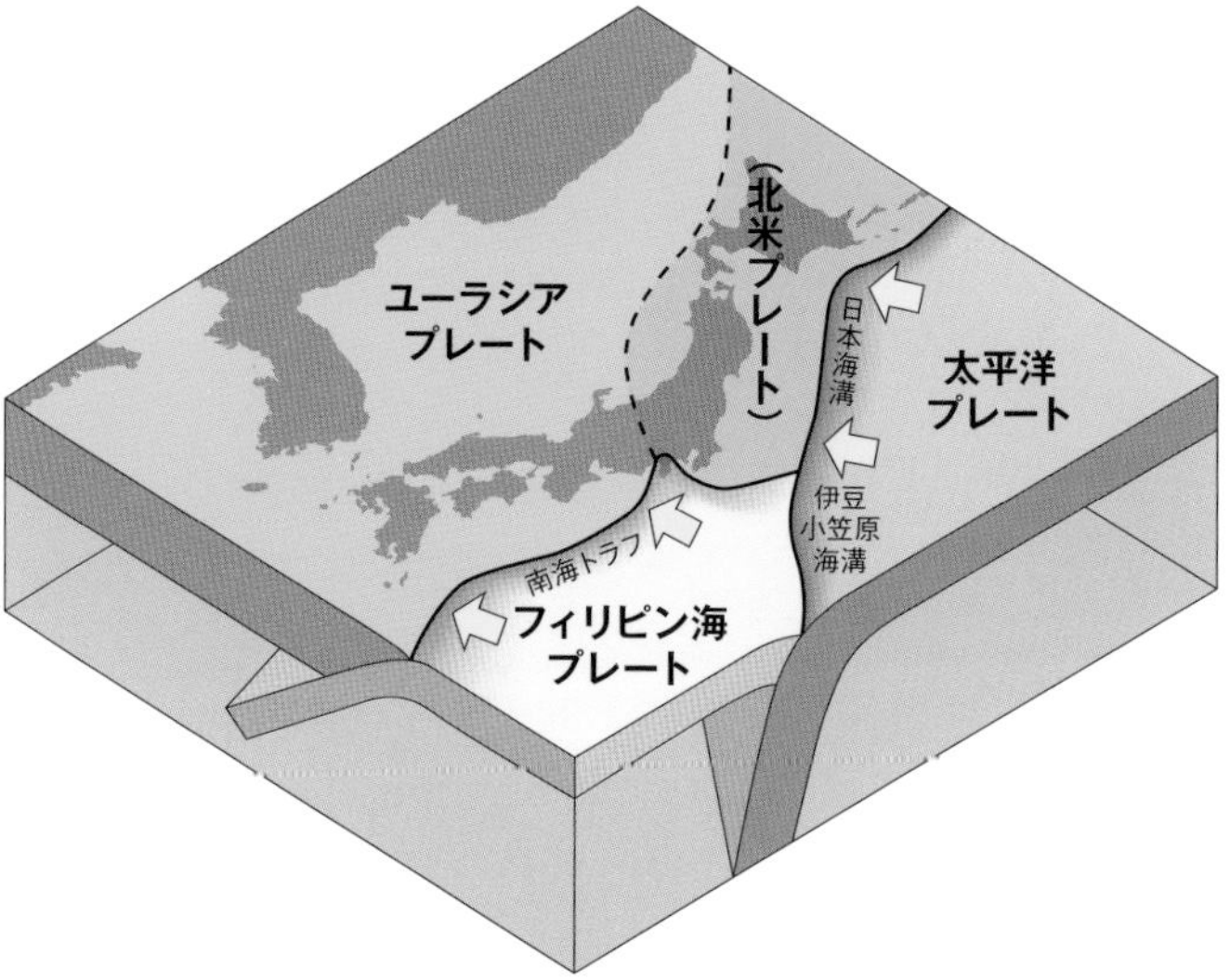

日本列島付近のプレートテクトニクスの概念図

西日本の地形の凹凸は、
フィリピン海プレートが沈み込むことにより生まれる力が大きく影響している。

トが沈み込んでいる。このプレート運動の理論を「プレートテクトニクス」と呼ぶ。

今から約300万年前、日本列島に東西方向の短縮地殻変動が始まり、海底が隆起を始め広範囲に陸化が起こる。日本列島の国土の大部分はこの変動により隆起が進み、山勝ちの地形になっていったのだ。

日本は国土の約6割が山地で、森林も7割近い面積を有している。急峻な山には、急勾配で距離が短い河川が多くでき、土砂を河口付近まで運ぶことで、沖積平野が各地に広がっていった。大阪平野もその沖積平野の一つである。

近畿圏の断層は敦賀湾を頂

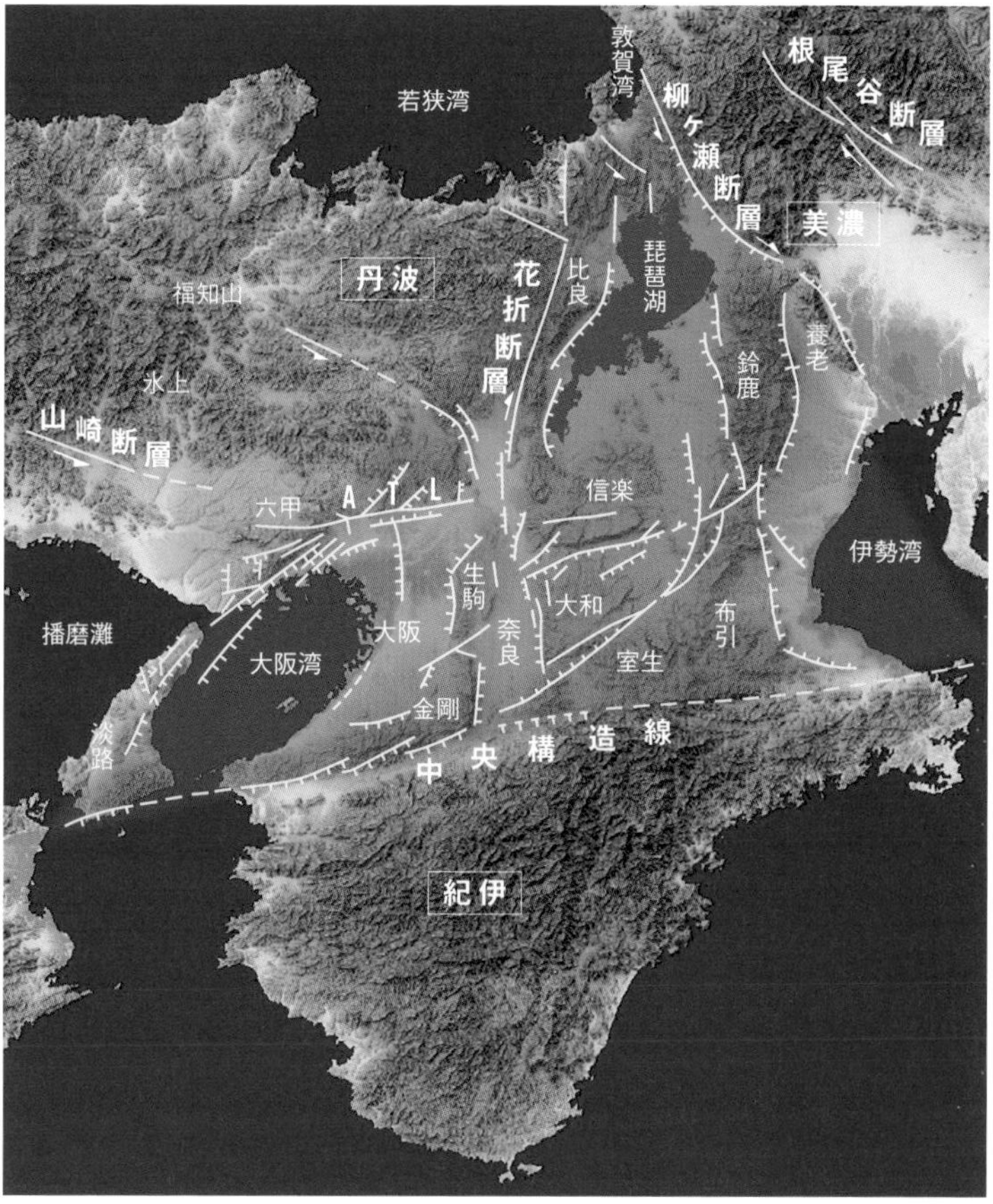

近畿トライアングルの地形

中央構造線より南側が西に横ズレを起こすことで、
北側は引きずられシワが寄っているように見える。
藤田和夫『日本の山地形成論 地質学と地形学の間』（蒼樹書房）所収の図版を参考に作成

点として、花折断層・六甲淡路島断層を西斜辺に、柳ヶ瀬断層・養老断層を東斜辺に、そして中央構造線を底辺とした三角形になっている。これを「近畿トライアングル」という。東西方向の圧縮作用により、シワのように高くなったところが山地、低くなったところが盆地になり、山地と低地の境界にできた割れ目が断層ということだ。

ところで、東西方向の圧縮は、西に移動する太平洋プレートの沈み込む運動によってもたらされると考えられてきた。それが近年の研究により、フィリピン海プレートの運動がもたらしたものだとわかってきたようだ。日本列島のなりたちには、まだまだ解明できていないことが多いのである。

地球表面のドレープ

大阪を中心とした広域エリアの凹凸地形を見ていくと、奈良盆地と河内盆地の間には生駒山地が、河内盆地と大阪盆地の間には上町台地が存在するが、

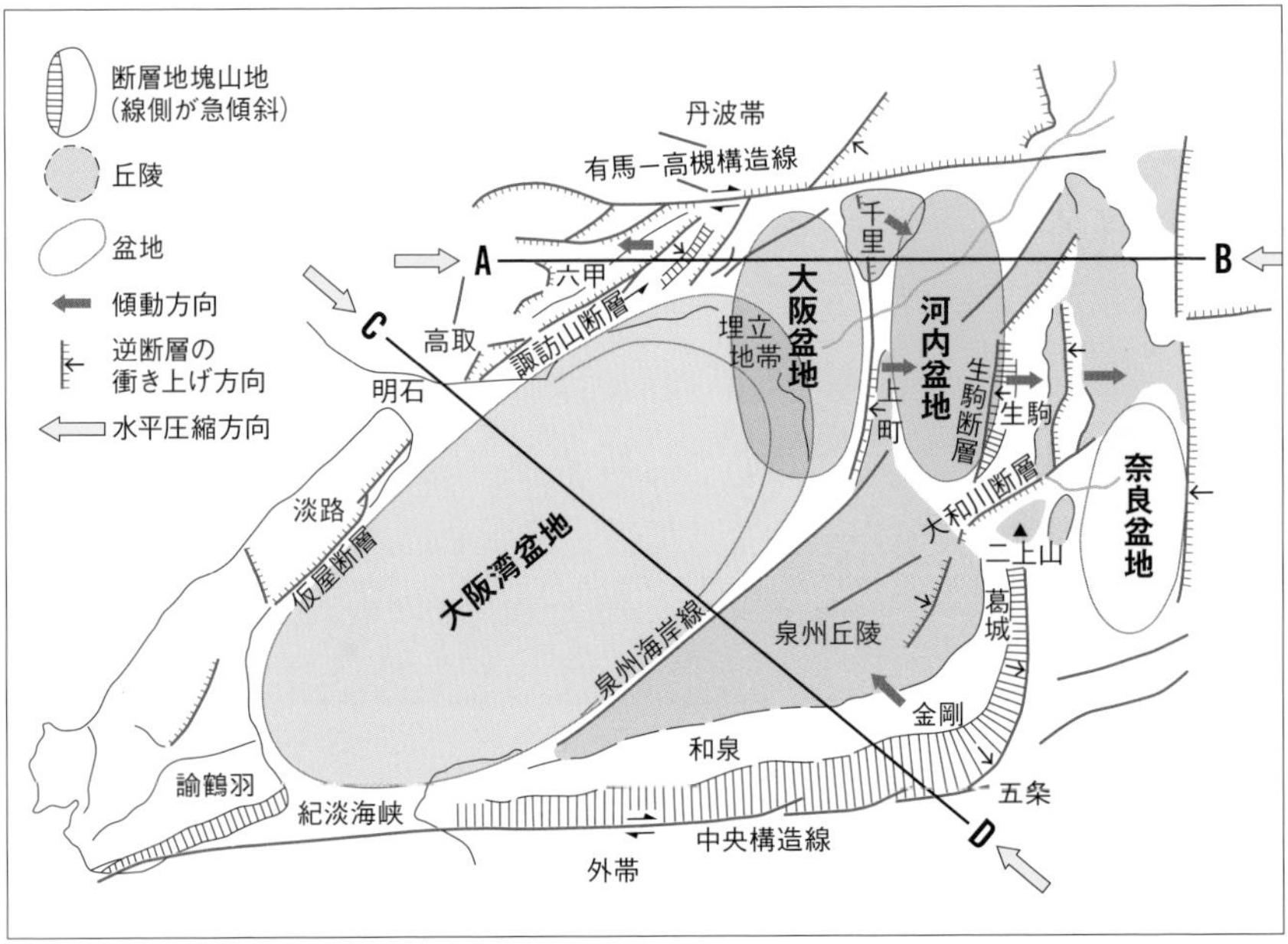

大阪を中心とした広域エリアの断層と凹凸地形の概念図

東西方向（A—B）から押される力と、北西と南東方向（C—D）から押される力によって、凹凸地形が形成されている様子がわかる。

『新修 神戸市史 歴史編1 自然・考古』所収の図版を参考に作成

それらは東西（A―B）方向から押されるように規則的に並んでいる。

六甲山から淡路島にかけての斜めラインと、右に傾いたきれいな形の楕円形を描いている大阪湾盆地は、泉州海岸線ラインと中央構造線に押されているようになっている。北西と南東（C―D）方向に力が加わっているようだ。これらのエネルギー源は、プレートテクトニクスによるものだと考えられている。

さらに西日本全体に目を向けると興味深い現象が現れる。瀬戸内海には島が多い場所と島がほとんどない灘と呼ばれる盆地状の場所が交互に並んでおり、その並びは、凹凸地形として近畿地方を通って伊勢湾まで続いているのだ。この交互の現象が見られる南側には、日本一長い断層帯である中央構造線が通っており、どうやら大きく影響を与えているようである。

フィリピン海プレートは、約300万年前に真北の運動が北西方向に方向転換をしたと考えられている。そのことで東西圧縮が起こり、中央構造線を境

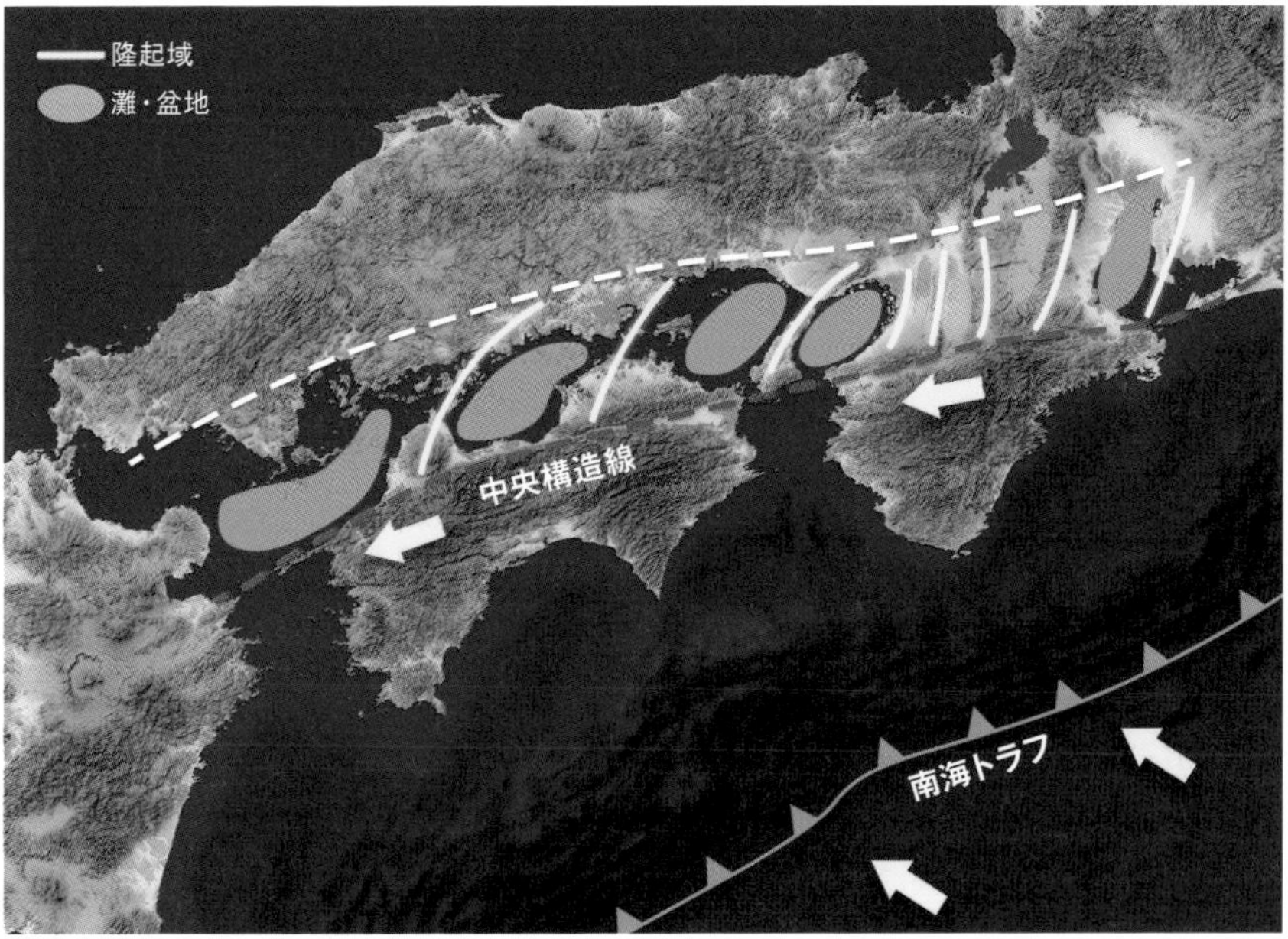

瀬戸内海の凹凸地形と中央構造線の概念図

しまなみ海道の島々・瀬戸大橋周辺の島々・淡路島・生駒山地等が隆起域で、
播磨灘・大阪湾・奈良盆地等が沈降域として地形図を眺めると面白い。
巽好幸氏のTwitter投稿画像を参考に作成

として南側の岩盤が西側に引きずられていった。この西側に移動する力に北側の岩盤が引きずられ、シワが寄ったようにドレープを描き隆起域と沈降域が交互に形成されているというのだ。

大地が凹むことで奈良盆地や京都盆地ができて都が置かれて栄え、北部にできた大きな凹みに水が溜まって琵琶湖が誕生した。連続する凹凸地形が、人々の暮らしにさまざまな繁栄をもたらせていったのである。

付加体は日本列島の土台

大阪で最も古い地層を丹波帯や超丹波帯といい、北摂山地の山並みの多くを構成している。それらは「付加体」と呼ばれる海の底に積もった堆積岩で、日本列島の約9割はこの付加体でできていると

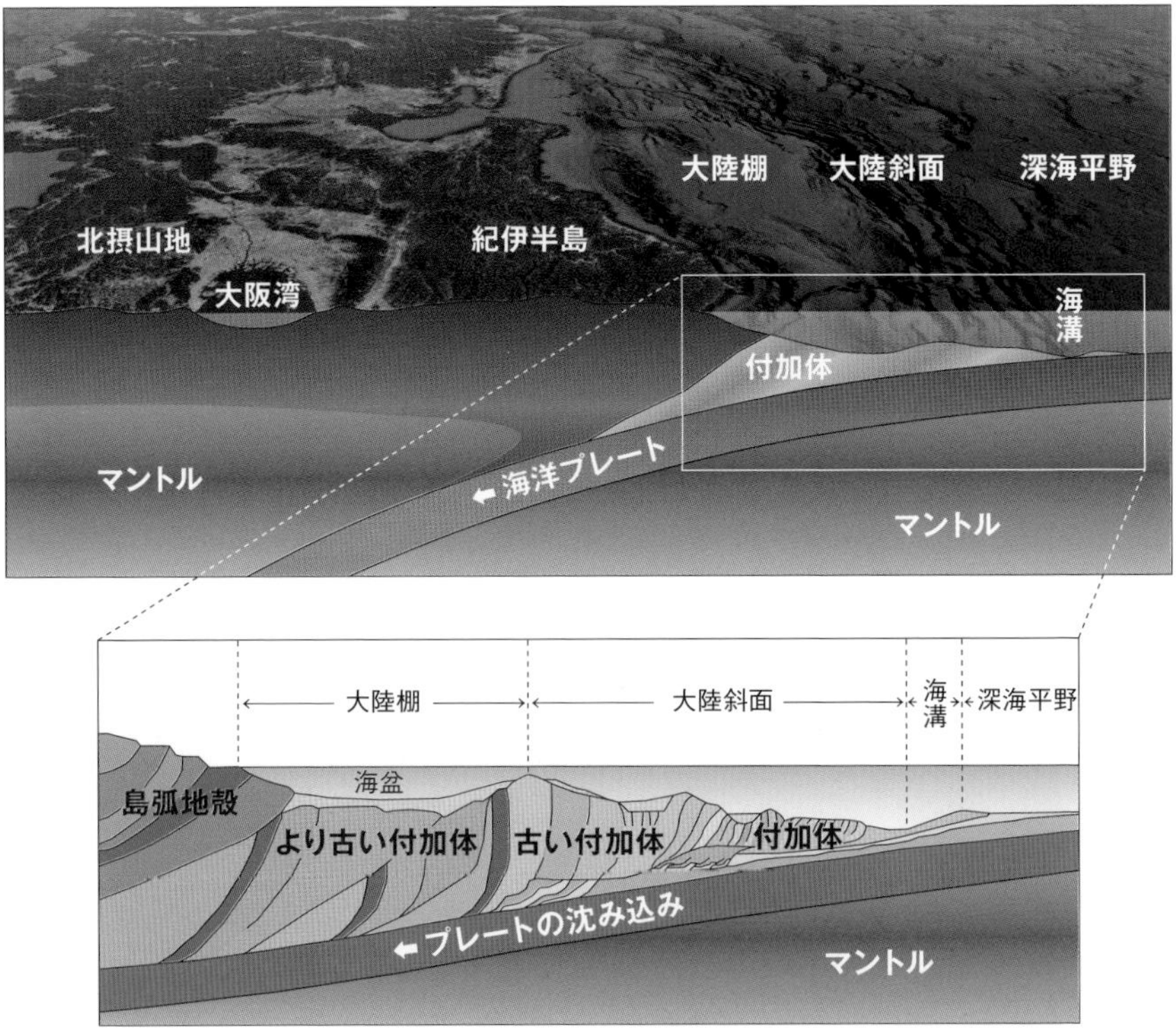

付加体の概念図

深海堆積物や海山を載せた海洋プレートが沈み込む時に、大陸側にはぎ取られた地質体を付加体という。
上図はGoogle Earthの画像に加筆して作成、
下図は小出良幸氏の論文『島弧―海溝系における付加体の地質学的位置づけと構成について』を参考に作成

考えられているのだ。大阪の地形を理解する上でも、重要になる付加体について、できるだけわかりやすく解説したいと思う。

付加体とは、海洋プレートが大陸プレートに沈み込む際、プレートからはぎ取られて陸側に付け加わった地質体のことである。海洋プレートは泥や砂などの堆積岩の他に、チャートや石灰岩といった岩石を載せて移動している。チャートとは放散虫と呼ばれる0・1ミリ程度のプランクトンの遺骸などが堆積して固まった岩石で、石灰岩はサンゴ礁など石灰質の骨格や殻をもった生物の遺骸が堆積してできた岩石と考えればいいだろう。

紀伊半島は海洋プレートが沈み込んでいる南海トラフ付近ではぎ取られた付加体が、次々と帯状に押し付けられて隆起した地形であると考えられているが、北摂山地の付加体は少し異なるなりたちをしている。

日本列島はもともと中国を含むユーラシア大陸の一部であったと考えられている。大陸の縁にあった一部が地殻変動により切り離され、大きく二つの塊に分かれて海の沖へ回転するように移動した。やがて現在の位置に定まった時に二つの塊の間に深い溝が生まれる。これがフォッサマグナだ。そのフォッサマグナに太平洋プレートとフィリピンプレートの境界に生まれた火山島が次々と衝突し、折れ曲がったような形の日本列島が形

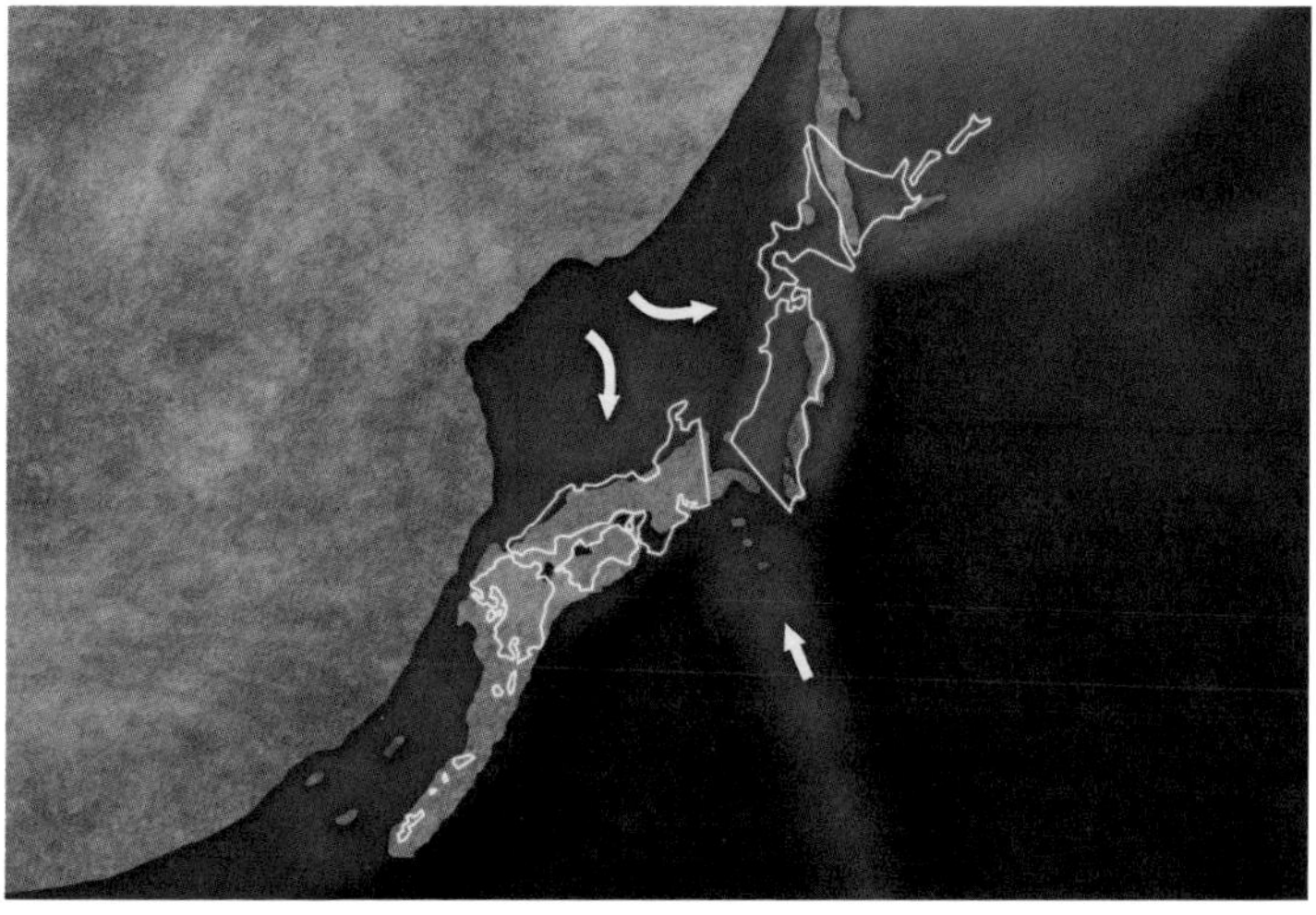

日本列島誕生の概念図

偶然と偶然がいくつも重なり現在の日本列島が誕生した。
奇跡のようななりたちのドラマが約3000万年の間に起こったのだ。
NHK「ジオ・ジャパン」の放送内容を参考に作成

づくられた。今から約３０００万年前から起こった数々の偶然が重なって、日本列島の土台ができたと考えられているのだ。

丹波帯や超丹波帯は大陸から大移動してきた付加体である。それらは約3億年前から1億５０００万年前の海底にできた地層で、砂岩や泥岩（頁岩）、チャートや石灰岩などを含んでいる。その多くは混在岩（メランジュ）としてさまざまな岩石が複雑に変形・混合した状態で構成されているのだ。

ところで、和歌山県との境界にある和泉山脈の大部分は和泉層群で構成されているが、紀伊半島の付加体とは違うなりたちをしているので少しだけ触れておきたい。和泉層群は淡路島や四国でも見ることができるが、泥岩・砂岩・礫岩がきれいな縞模様の地層となっている。

和泉層群の南側には日本最大の断層である中央構造線が通っているが、中央構造線がまだ海に沈んでいた頃、断層活動によって海盆と呼ばれる細長く巨大な窪地が生まれ、そこに堆積した地層が和泉層群なのである。アンモナイトや貝、海草などの化石が

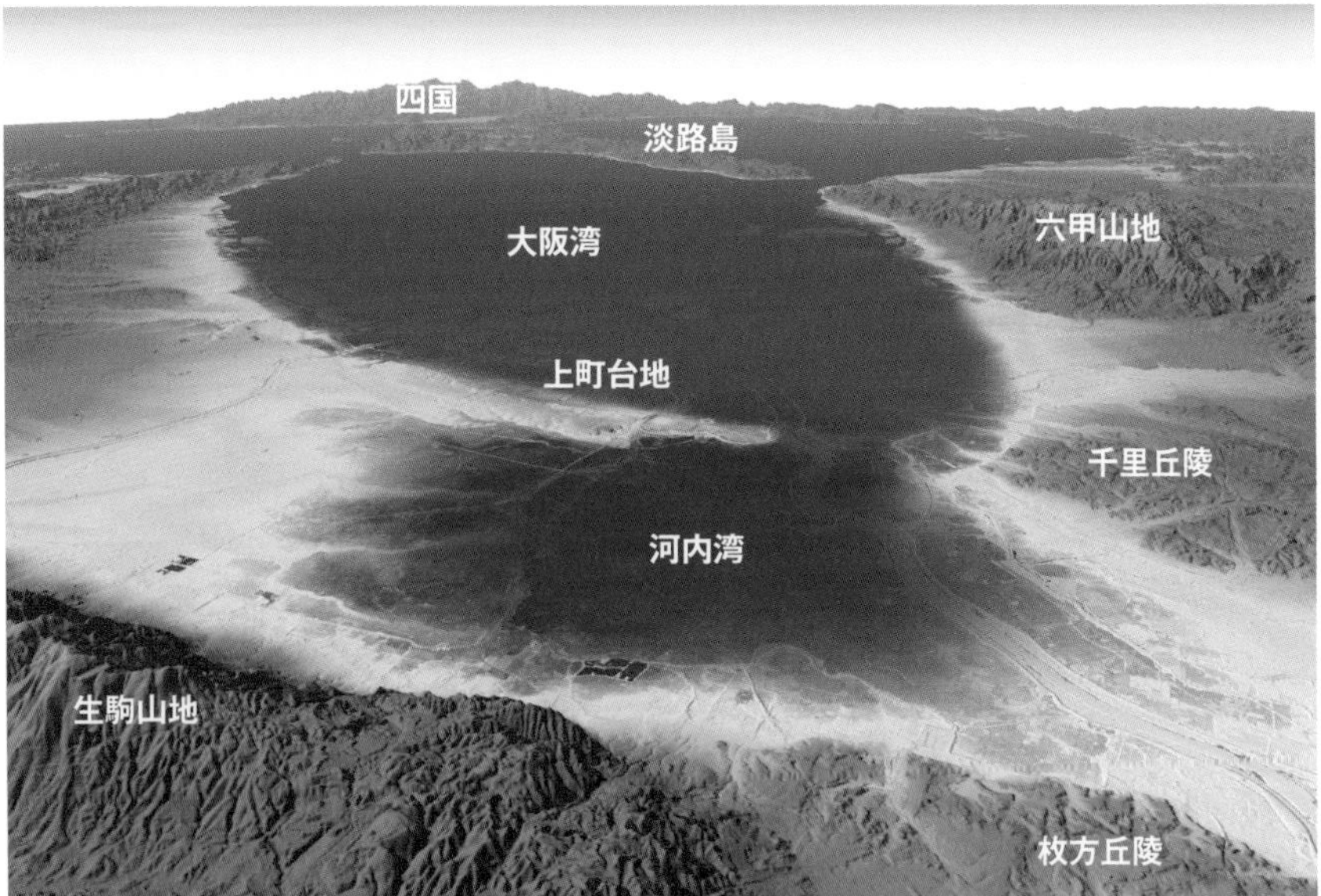

生駒山上空からみた縄文海進の大阪のイメージ

現在の地形図を元にカシミール3Dで作成し、
埋め立て地などは消している。

多く産出することでも知られているので、化石探しにはいいだろう。

縄文海進からの地形の変遷

今から約7000〜6000年前、大阪平野の大部分は海の底に沈んでいた。地球は最終氷期を終えて温暖化が進み、北極と南極の氷が解けることで起こる海水面の上昇がピークに達していたのだ。この現象を「縄文海進」というが、大阪湾の海水面は現在より数メートル高くなり、大阪平野の内陸部まで海水が進入した。そんな大阪湾の真ん中に、半島のような形で陸地になっていたのが上町台地である。その後、どのような変遷をたどって現在の姿になったのかを、古地理図で見ていくことにする。

「河内湾Ⅰ」の時代、海水の侵入がピークに達し、東は生駒山地の麓まで、北は枚方や江坂周辺まで侵入し、河内平野には広大な河内湾が生まれていた。

「河内湾Ⅱ」の時代になると、淀川と旧大和川が運んでくる土砂により陸化がはじまり、海岸線が徐々に後退。上町台地の先端部には、沿岸流と沖から吹き付ける風によって砂が細長く堆積した砂州が伸びていく。

「河内潟」の時代は、潮の干満差によって河内湾に広大な干潟ができるようになり、砂州はさらに北上して大阪湾との出入口を狭め、汽水域が広が

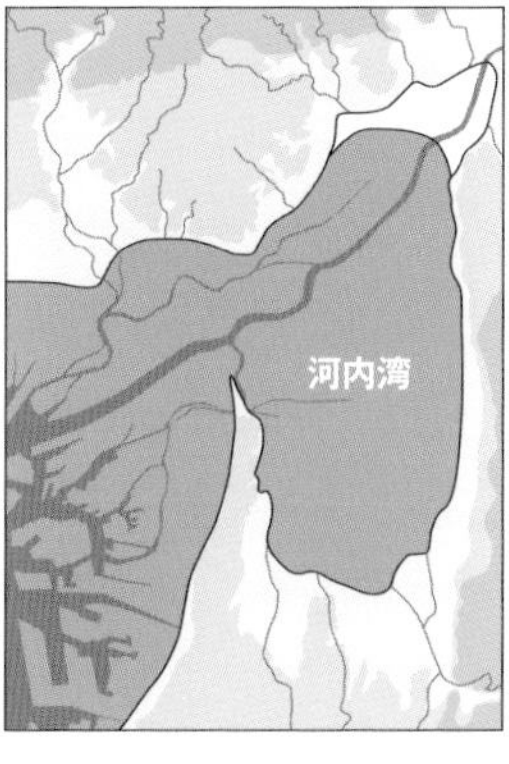

河内湾Ⅰ時代
約7000〜6000年前・
縄文時代前期前半

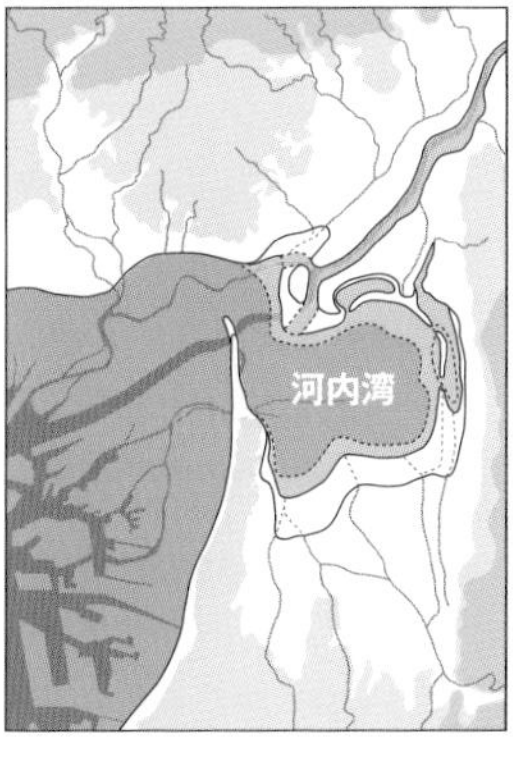

河内湾Ⅱ時代
約5000〜4000年前・
縄文時代前期末〜縄文時代中期

河内潟時代
約3000〜2000年前・
縄文時代晩期〜弥生時代前半

っていった。

湾内の淡水化がさらに進行したのが「河内湖Ⅰ」と呼ばれる時代だ。川から流れてくる水の逃げ道が極端に狭くなり、ある時、砂州の一部が決壊をおこして水の抜け道をつくり出した。これが旧中津川になっていったと考えられる。

大阪平野に巨大古墳がたくさん築造された「河内湖Ⅱ」の時代は、『日本書紀』にも記されている難波の堀江が開削されて、河内湖の水が流れる通り道が3ヶ所になる。それらは北から神崎川、旧中津川、旧淀川となっていく。その後、湾岸部には大小の島々が生まれて三角州を形成し、陸化がさらに進んでいったと考えられる。

これらの古地理図は梶山彦太郎氏と市原実氏によって昭和47年（1972）の論文「大阪平野の発達史」で発表され、昭和60年（1985）に改訂されたものが、今でも大阪平野のなりたちを語るうえでの基盤とされている。

その他にも、日下雅義氏が復元した景観図ⓐは、砂州が3本に分岐し、その間にラグーン（潟湖）が形成されたとした。自然地形を活かしラグーンにできた港が難波津だと提唱し、現在でも有力な比定地の一つである。

また、大阪文化財研究所の古地理図ⓑでは、砂州がのびるのではなく、三角州が広がって陸化していく様子が描かれている。

古代の大阪がどのような姿だったか、今後の研究によって新たに導き出

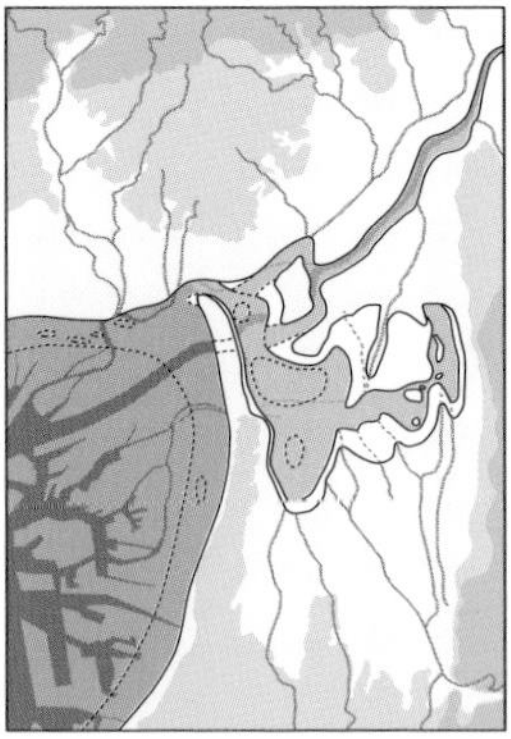

河内湖Ⅰ時代
約1800〜1600年前・
弥生時代後期〜古墳時代前期

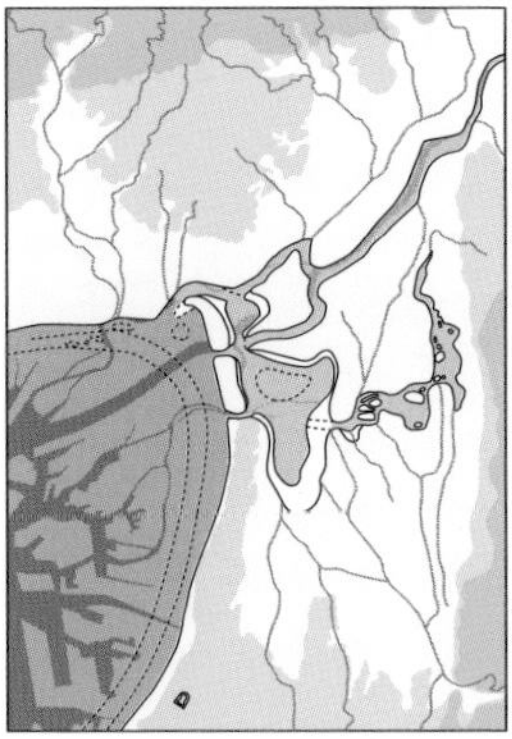

河内湖Ⅱ時代
5世紀頃

梶山彦太郎・市原実『大阪平野のおいたち』（青木書店）収録の図を参考に作成

されるかもしれないが、共通して言えることは、淀川と旧大和川から運ばれてきた土砂が河内湾を陸地にし、上町台地の西側は、三角州によって土地を広げていったということは変わらないだろう。大阪の地形は、知れば知るほど魅力的に思えてならない。

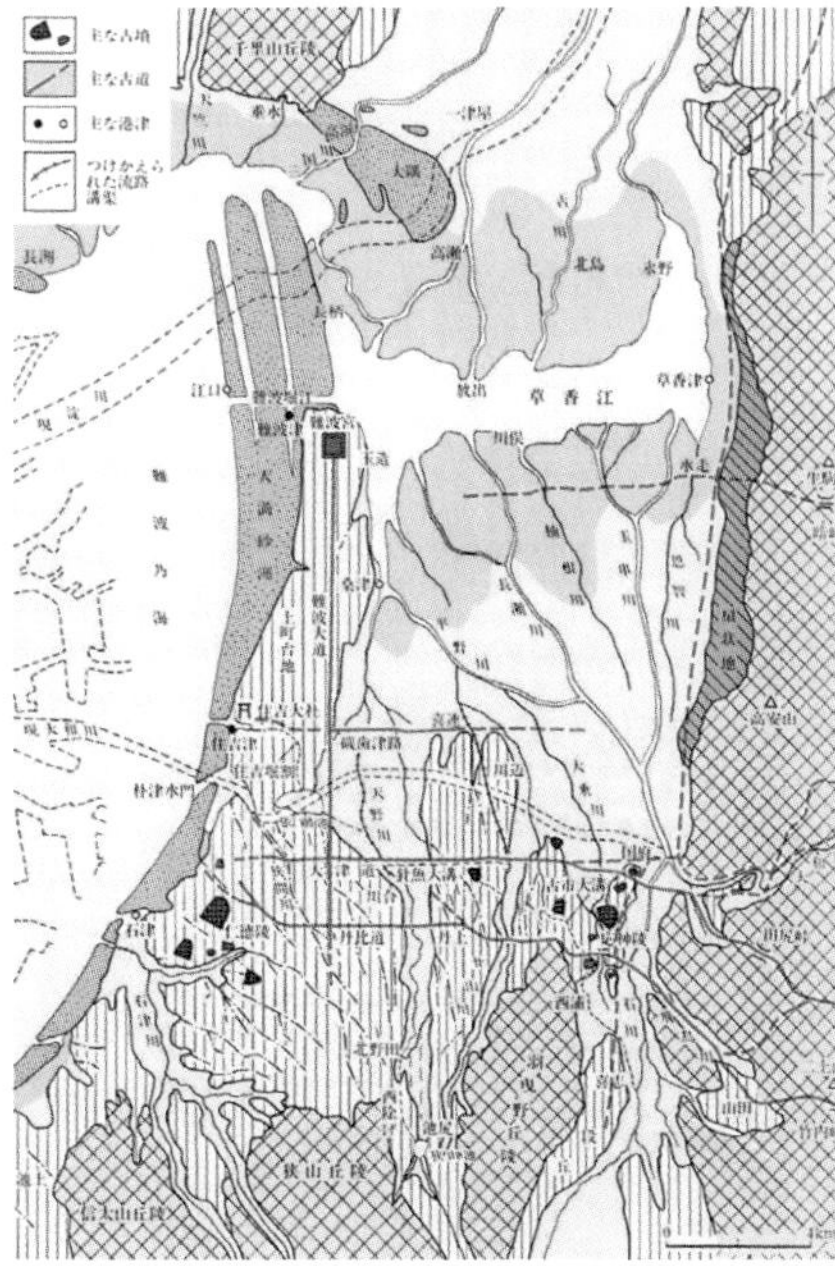

ⓐ6〜7世紀ころの摂津・河内・和泉の景観

日下雅義『地形から見た歴史 古代景観を復原する』（講談社）より転載

ⓑ河内湾時代の古地理図

提供／大阪市文化財協会

中央区
内久宝寺町二丁目
4

大阪市中・北部

この場所は中央区龍造寺町近くの窪地（P29）、上町台地にあった谷の痕跡だ。上町台地の先端部は、自然の要害地として古代には難波宮がおかれて首都となり、戦国時代は織田信長に「抑《そもそも》も大坂は、凡《およ》そ日本一の境地なり」と言わしめ、豊臣秀吉が天下人として城と城下町を築いた土地。まさに日本一魅力あふれるエリアである。

01
RYUZOJI

凹凸地形を上って、下って。龍造寺

POINT　上町台地の先端部西側のエリアで、古代より重要な施設が置かれたことから土地の改良が繰り返し行われてきた。凹凸地形がよく残っており谷の痕跡探しが面白い。

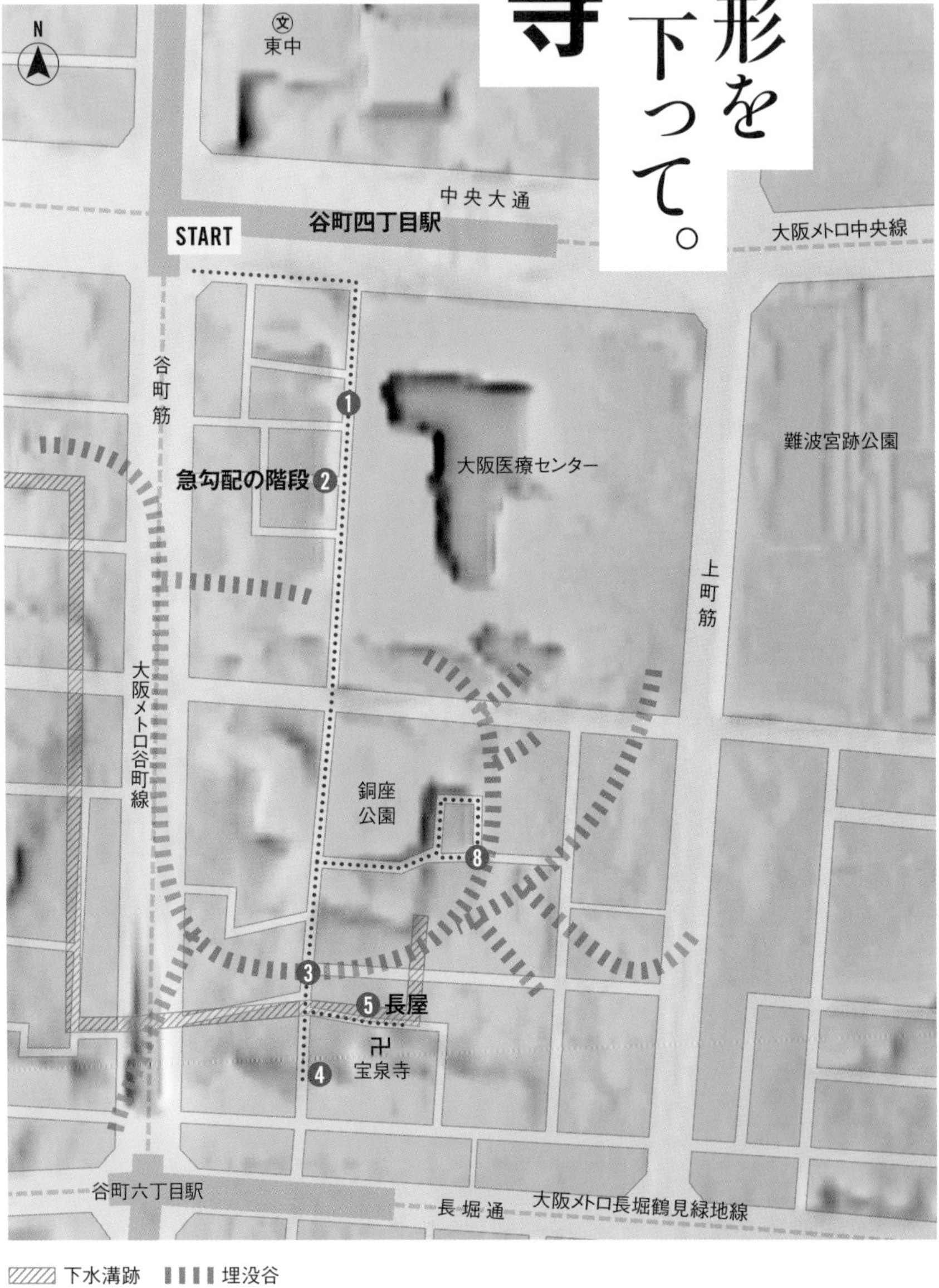

❶ラクダのこぶのような凹凸地形が続く大阪医療センター付近の道路。

龍造寺《りゅうぞうじ》エリアは、難波宮《なにわのみや》跡公園に隣接した場所にある。難波宮とは天皇が居住し、朝廷が日常の政務や公式行事を行っていた言わば日本の首都機能があった場所である。最初に宮殿が置かれたのは飛鳥時代、645年の乙巳《いっし》の変と呼ばれるクーデターで生まれた新政権が奈良盆地を離れて上町台地の先端部に難波長柄豊碕宮《なにわながらとよさきのみや》を造営したのが始まりだ。これを前期難波宮と呼んでいるが、その後火災によって消失。奈良時代になると聖武天皇が平城京の副都として同じ場所に後期難波宮を造営した。

上町台地の北端部は、複数の深い谷が存在していたことが発掘調査などでわかっている。宮殿を造営する際、平坦な土地が確保しにくいこともあり高地を削り、谷を埋めて造成工事が行われたのだ。谷を埋めた地層からは、埴輪がたくさん出土しており、この地に古墳があったことがうかがえる。その後、長岡京遷都で建物は移築されて痕跡は何も残らず、長らく幻の都になっていたのだ。

豊臣秀吉が大坂城の城下町を拡張する際にも、大掛かりな土地改良が行わ

❹古い建物の解体現場では、石積みの擁壁が数十年ぶりに姿を現す。めったに見られない貴重なタイミングだ。

❷約5mの高低差の崖が続いており、建物と建物の間に階段が点在している。

❸『ブラタモリ』のロケでも訪れた龍造寺谷の窪地。江戸時代は太閤下水が流れていた。

れ多くの谷は埋められた。なくなってしまったかつての谷を埋没谷《まいぼつこく》と呼ぶが、数少ない谷の痕跡が残るのが龍造寺エリアである。ちなみに龍造寺とは、豊臣時代に龍造寺氏の屋敷がこの辺りにあったことが由来だといわれている。

このエリアを歩く時は、大阪メトロ谷町四丁目駅から中央大通を通り大阪医療センターの角を南下して龍造寺に向かって歩くと地形の変化をもっとも楽しむことができる。大阪医療センター西側の道❶は、南北にまっすぐ続き、緩やかな下り坂と上り坂が連続して続いている。まるでラクダのこぶのような凹凸地形が続く景観は、上町台地ではここだけであろう。

さらに、右手（西側）には建物と建物の間に高低差が5メートルほどの急勾配の階段❷が数メートル置きに存在する。その高低差も埋没谷の痕跡であり、周辺一帯が複雑な谷地形だったことがうかがえる。

二つ目に現れる深いくぼ地は、NHKの『ブラタモリ』で私がタモリさんたちを案内した場所でもある。

❻「増修改正摂州大阪地図」に描かれる太閤下水跡。谷地形を利用してつくられていた。

❺窪地には風情のある長屋の風景が残っている。右は高低差の地形を利用して建つ宝泉寺の塀。

谷底❸に立つと三方を囲まれていることに気づく。坂道の横には石積みの擁壁❹を所々に見つけることができ、細い道に入っていくと登録有形文化財の長屋❺にも出合えるだろう。

江戸時代の古地図❻を見ると、谷地形に沿って水路のようなものが描かれている。それは、谷筋を利用してつくられた背割り下水（太閤下水）と考えられているのだ。豊臣秀吉が大坂城の城下町をつくる際、建物と建物が背中合わせになっているところに下水溝をつくった。これが名前の由来だ。

多くの背割り下水は、緩やかに傾斜する平坦地につくられたが、上町台地は谷が多かったこともあり、谷地形を利用した大きな下水もあったようだ。

埋没谷の地図❼では、龍造寺谷が銅座公園を囲むような形で存在していたことがわかる。公園周辺は窪地になっており、かつては谷頭《こくとう》❽から水が湧いていたのだろう。地元の方の話では、昔は湧き水の池があり金魚なども飼われていたそうだ。擁壁のわずかな隙間をのぞくと水がちょろちょろと出ているところがあった。これがかつての湧水地の痕跡だろうか。

都会のど真ん中だが、水が湧いていた谷のはじまりがあることは驚きでもある。上町台地には自然がつくった深い谷がいくつも存在していた。土地が持つ記憶をたどりながら、かつての風景をイメージすることが地形散歩の醍醐味でもある。想像力と妄想力を広げながら地形をたどってみると、新たな発見があるかもしれない。

❽龍造寺谷の谷頭付近。奥の高台は銅座公園で、手前の窪地にはかつて湧き水を利用した池があったという。

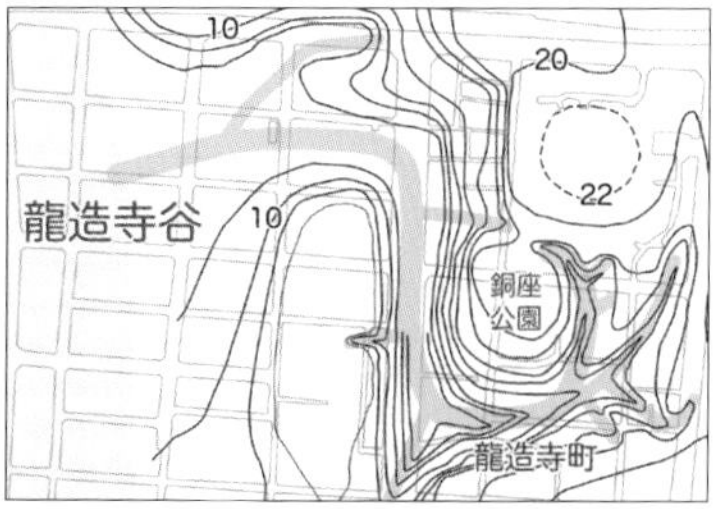

❼埋没谷であるかつての龍造寺谷の形状。寺井誠氏の論文「上町台地の埋没谷」所収の図を拡大・加筆して作成。

02
KARAHORI

「空堀」を探して迷宮へ。空堀商店街

POINT　大坂冬の陣で埋められた惣構堀の痕跡や江戸時代の瓦生産のために土が大量に掘られた痕跡がいたるところに残り、戦災を免れたことで古い町並みも残る地域である。

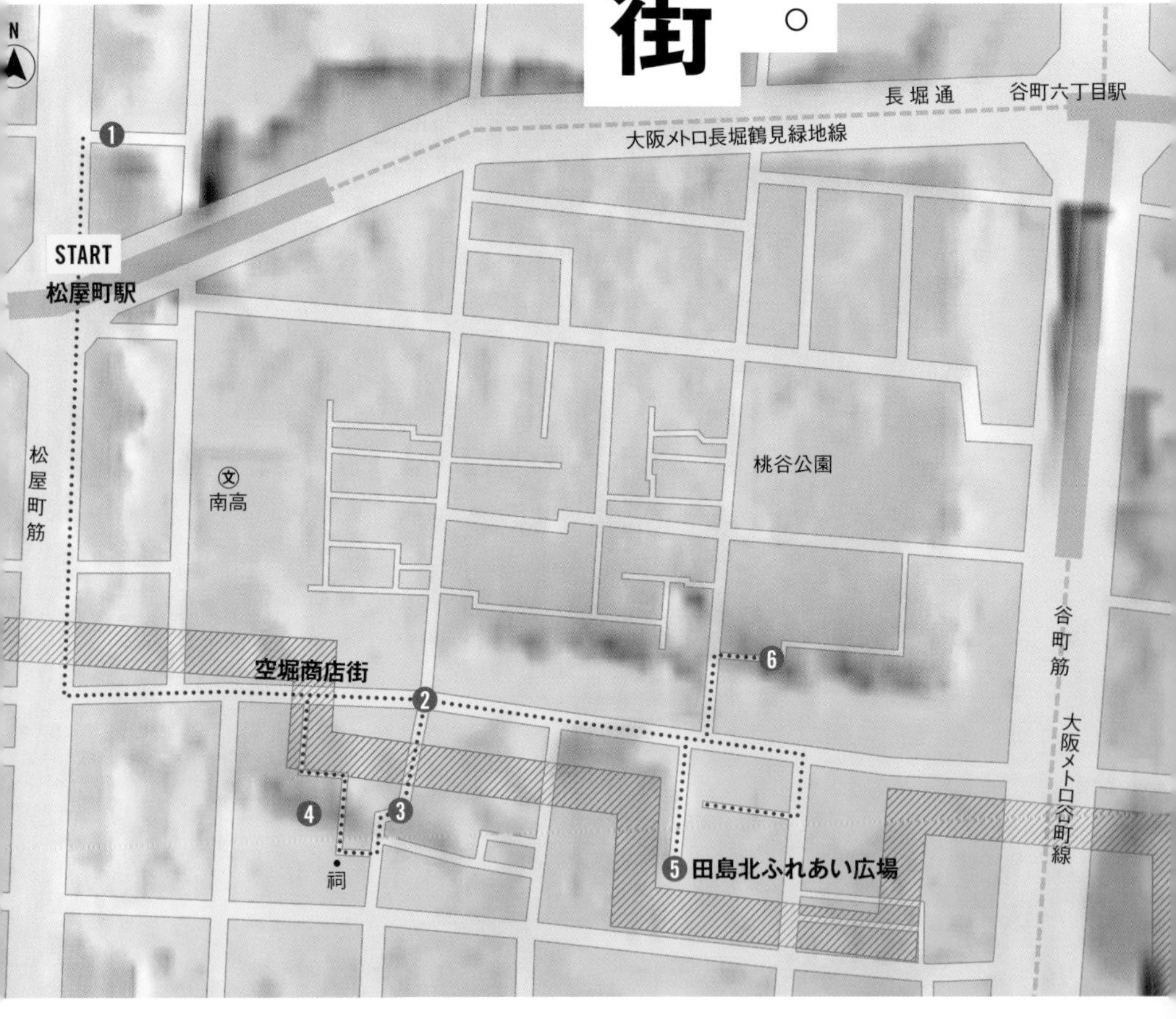

南惣構堀跡推定地

大阪メトロ松屋町駅から地上に上がり交差点に立つと、人形店の看板やのぼりが目に飛び込んでくる。多くの大阪人から「まっちゃまちすじ」と親しまれて呼ばれる松屋町筋は、縄文時代の地形の痕跡が残る場所でもあるのだ。

周囲を見渡すと東側の地形が高くなっている❶ことに気づくだろう。松屋町筋は、上町台地の西の崖下に形づくられた平坦地を南北に通る道路だ。

❷緩やかな坂道にある店舗では工夫をして商品を並べている。

縄文時代には現在より海水面が数メートル高い「縄文海進」と呼ばれる現象が起こったのだが（P20）、このあたりは海岸線に位置し、波は台地を削り、海蝕崖《かいしょくがい》（波の浸食によってできた海岸の崖）とその下に平らな波蝕台《はしょくだい》（波の侵食で生じた海面近くの平坦な海底）をつくり上げた。松屋町筋はその波蝕台にあると考えられるのだ。

しばらく南へ歩くと、左手に空堀商店街のアーケードが見える。商店街は緩やかな上り坂❷で、店舗と店舗の間に細い路地を見つけることがある。路地に敷かれた石畳に誘われるように入っていくと、その先に丁字路が現れ両

❶松屋町筋の東側はこのような高低差の地形が続いている。

❸クランクした坂道の両側には高低差の地形が続いている。

側がドンツキで行き止まりになった。

角の八百屋を右（南側）に曲がると正面に2メートル程度の石積みが現れる。道が少しクランクして緩やかな坂道❸になるが、右側も塀で隠れて見えないが段差が続いているようである。

坂道の先には古民家を改装したカフェなどが並んでおり、その先の路地に入っていくと正面に祠が現れた。ふっと右側を見るとその先の道が途絶え、正面に民家の屋根や2階部分の壁が見えるのだ。そこには下に下る石段❹が続いていた。さっき通ったクランクした坂道の延長線上にこの場所があるようだ。さらに路地をくねくねと進むと商店街に戻ってきた。まるで迷路だ。

商店街を再び歩きながら路地を探す。右側（南側）に気になる下りの路地が現れたので入っていくと、その先には高低差が5メートルはあると思われる石積みの擁壁❺が現れた。その上にあ

❺南惣構堀の痕跡だと考えられている高低差の地形。かつては素掘りの堀があったのだろう。

❻商店街の北側は石積みの擁壁が続いている。

❹路地に迷い込むと突然現れた高低差の石段。

る赤い鳥居が気になり、ぐるっと回って崖上に来てみたが、下を覗くとかなり深い窪地であることがわかる。

今度は商店街の反対側（北側）にある坂道を下りてみた。古い建物が解体され、更地になった場所からは商店街の地面の側面が見え、ここにも古い石積みの擁壁が続いている❻。地形図を見ると、商店街を境に北側は広範囲に地面が削り取られ、南側も地面を削った跡のようなものが見える。なぜこのような地形になっているのだろうか。

空堀の名の由来は、豊臣大坂城の南惣構堀《そうがまえぼり》（最も外側の堀）がこの近くにあり、それが空堀であったところからきている。しかし、大坂冬の陣（１６１４年）の講和後に堀は埋められ、正確な場所や規模が今もよくわかっていないのだ。近年の研究により、商店街の南側に惣構堀があったことがわかってきた。

周辺には堀の痕跡と思われる高低差が点在し、今でも家々の間に段差を見つけることができる❼。南惣構堀は素掘りであったため、石積みなどは後世のものだが、堀の痕跡である段差がいたるところにあり、それを克服するために石積みがつくられたのだろう。

商店街北側のくぼ地は、徳川家の御用瓦師・寺島藤右衛門拝領の瓦土取場の跡である。大坂城落城後に寺島家に広い土地が与えられ、代々瓦の製造を行っていた場所なのだ。上町台地には粘土層が堆積しており、瓦の土取場の条件が揃っていたのである。

空堀商店街周辺は、古い町家が多く残っており、それらを改装したカフェや雑貨店などができて若い人たちが集まる活気あふれる町に変わってきている。私自身も、訪れるたびに小さな発見と出会える大好きな町の一つだ。路地や石畳❽、地形などを辿りながら、脇道に迷い込んでみてはいかがだろうか。

❼路地のいたるところに石積みの擁壁があり、高低差地形が複雑に存在することがわかる。

❽空堀商店街に隣接する路地は石畳の宝庫だ。

03

TEMMABASHI

将棊島（堤）があった場所
江戸時代の川岸

中世のターミナルは台地の先端。天満橋

POINT　上町台地の最北端の場所で、大坂城築城の際にさまざまな土地改良がおこなわれた場所である。建物の陰に隠れて崖が点在しているので、それを発見するのも楽しい。

天満橋駅の改札を出て地上に上がってくると、大きな川が流れている。この川はかつての淀川本流で、大川と名付けられたのは、明治時代に新淀川の開削に伴って毛馬《けま》水門が設置されてからだ。中之島東端の剣先までを大川、それより下流を堂島川・土佐堀川と呼ぶ。江戸時代は、京都・伏見との間を多くの三十石船が往来し、大坂城に近いこの場所には船着き場があった。その名を八軒家❶といい、この辺りに八軒の船宿があったところからきているという。

❶階段状の雁木が描かれた歌川広重の「八軒家着船の図」。所蔵／大阪府立中之島図書館

有名な浪曲に「あんた江戸っ子だってね、飲みねぇ、寿司を食いねぇ」という台詞がでてくる『石松三十石船道中』があるが、それは八軒家から伏見へ向かう道中での話である。

八軒家の西側には、中世の港・渡辺津❷があった。瀬戸内海と京都をつなぐ海上交通の要衝であったことから、平安時代の武将で「頼光四天王」（土蜘蛛退治などの説話で知られる源頼光に仕えた4人の武将）の筆頭に挙げられる渡辺《わたなべの》綱《つな》が、この地に目を付け治めたのである。その一族は「渡辺党」と呼ばれる

❸天神橋から見た剣先と現在の八軒家浜船着場。

❷江戸時代までは渡辺津と呼ばれ熊野街道の起点となっていた。

武士団となり、瀬戸内海の水運を支配するまで力をつけていった。

しかし、豊臣秀吉が大坂城を築城する際、渡辺党の存在を嫌ってこの地からの退去を命じ、港は八軒家に移り、大坂城下町の河港としてにぎわっていくのである。

船着場から大川の下流に目を移すと、中之島の**剣先**❸が見える。先端に設置された噴水は定期的に放水し、大阪の新名所の一つになっている。この剣先を含む中之島公園の先端部分は、大正時代に埋め立てられたもので、それまでは現在の大阪市中央公会堂の東側が剣先であった。明治時代の測量地図を見ると自然にできた中州が確認できるが、それを整備拡張したのだろう。

現在の八軒家浜船着場は、さまざまな遊覧観光船の発着場となり、アクアライナーに乗り込めば、大阪城などにも行くことができる。大阪の人でも新鮮な気持ちで水都大阪を感じることができるだろう。

この場所も、近代になって埋め立てられており、それまでは細長い将棊島《しょうぎじま》❹という隔流堤が片町の辺りからここまで延びていた。江戸時代中期に築造された将棊島は、淀川と寝屋川、埋め立てられた鯰江川《なまずえがわ》の合流点を約４００メートル下流にすることで、洪水を防ぐ役割をしていたのである。

土佐堀通を挟んで南側に**永田屋昆布**❺という老舗があり、店の前に八軒家船着場の跡の碑がある。かつては向かいの京阪シティモールの場所には川が流れ、船へのアクセスに便利な階段状の雁木《がんき》があったのだろうと想像が膨らむ。その横の路地をのぞくと、向こうに石積みの擁壁❻が見え、さらに西へ歩くと、高さが６~７メートルはあろうかと思われる**石段**❼が現れる。この高低差が上町台地の北端の崖にあたるのだ。建物に隠れ

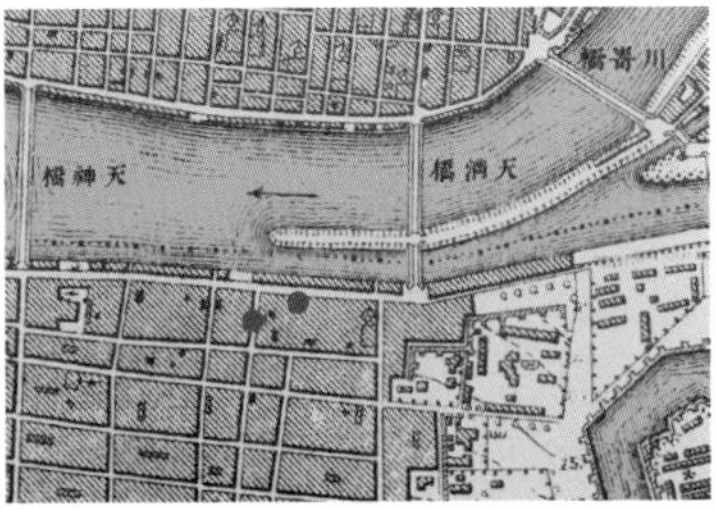

❹明治18年（1885）「実測大阪市街全図」にある将棊島。赤い印は昆布店⑤と石段⑥の位置。

❺八軒家船着場の跡碑が残る永田屋昆布。建物の背後に古い石積みの擁壁がある。

❼北大江公園に隣接した石段。この高低差が上町台地北端の崖を示す。

てほとんど見えなくなってしまったが、この崖が大阪城の方まで続いているのである。

階段を上がり北大江公園を南へ抜けると、左右にまっすぐ延びる道に差しかかる。この道は、大坂城の初期からあった島町通で、東に大阪城、西には高麗橋が一直線につながり、豊臣大坂城のメインストリートと言っても過言でない。かつては豊臣大坂城の天守閣が真正面に見えていたと思われる。

公園の西側（北側）には大川に向かって急な坂道❽が現れるが、この坂道が熊野街道の起点だ。平安時代に始まったとされる熊野詣は、庶民にも広がり、江戸時代には「蟻の熊野詣」と言われるほど、ひっきりなしに人が往来するほどの一大ブームとなった。

上町台地の北端のへりに立ち、周辺の高低差を探し歩きながら、江戸時代に思いを馳せてみてはいかがだろうか。

❽熊野街道の起点にもなっている坂道。

❻現在はビルに隠れているが、下段には野面積みの古い石垣がある。

04

SANADAMARU

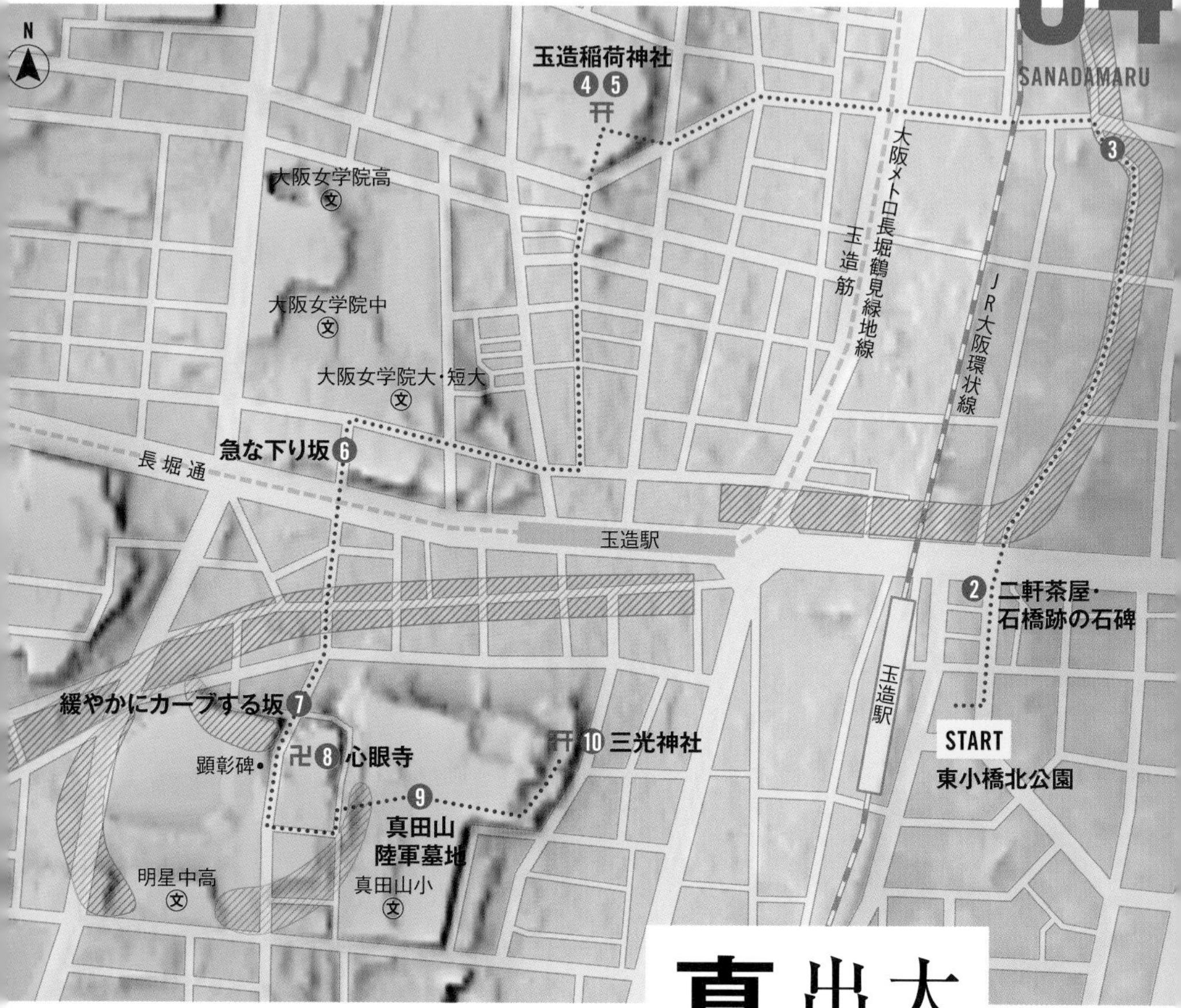

南惣構堀跡推定地

真田丸の堀の推定地

大坂城を守る出城はどこに？ 真田丸

POINT　上町台地の東側に位置し、古代は河内湖が目の前に広がっていた場所。谷地形の痕跡が残り、地形の起伏がいたるところにあるので、地形散歩をするには楽しいエリアだ。

最初に真田丸について簡単に解説しておこうと思う。真田丸とは、大坂冬の陣で豊臣方の真田信繁（幸村）が、大坂城の最も外側の堀（惣構堀）の外側に築いた出城・曲輪《くるわ》である。難攻不落といわれた豊臣大坂城だが、南側の南惣構堀が最も脆弱であったと考えられている。その場所を守るために、南惣構堀の外側に築かれたのが真田丸だ。

しかし、詳しい資料がほとんど残っておらず場所や形には諸説ある。そんな中で江戸時代に描かれた真田丸跡の絵図が見つかり、研究者の間で活発に議論が繰り返されたのだ。その絵図の一つが、全国各地の城の絵図集『極秘諸国城図』の中の「大坂 真田丸」❶である。

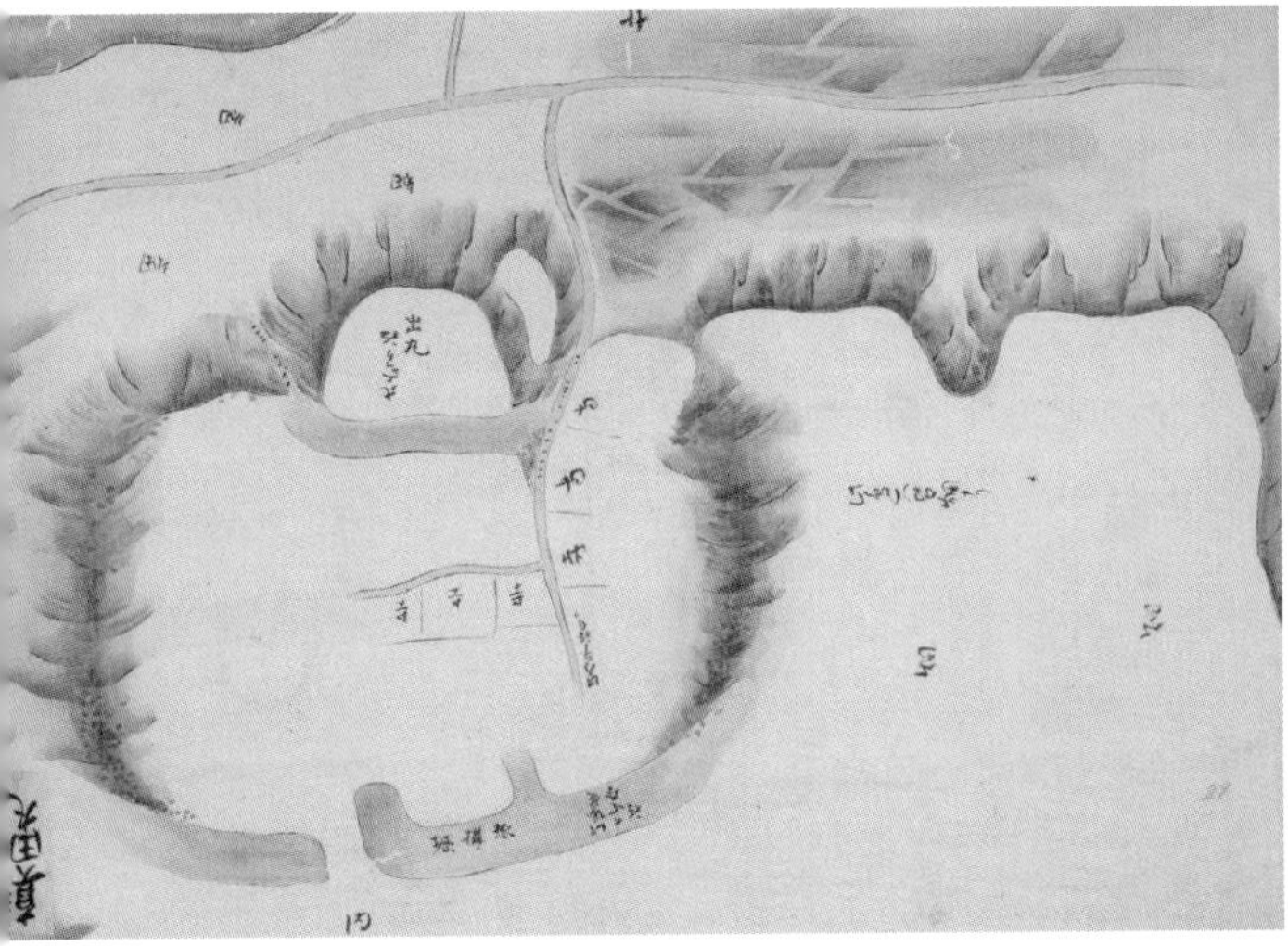

❶絵図集『極秘諸国城図』より「大坂 真田丸」。所蔵／松江歴史館

JR環状線玉造駅に降り立ち、東側の東小橋《ひがしおばせ》北公園が今回のスタート地点。その東側の道路は昭和30年代頃まで猫《ねこ》間川《まがわ》という名の川が流れており、この川跡を辿って北の方へ歩いていこうと思う。歩き出すとすぐに長堀通が現れ、その左手にある**二軒茶屋・石橋旧跡の石碑**❷に気づくだろう。

この付近は奈良へ向かう街道の入口付近で、その両側には茶店があり、猫

❸川跡だったことを感じさせるカーブ道。

❷国道308号線の大通りの片隅にある二軒茶屋と石橋の旧跡碑。

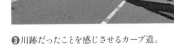

間川には石造の橋が架かっていた。この街道は暗越《くらがりごえ》奈良街道といい、大坂と奈良を結ぶ最短ルートで、伊勢参宮街道でもあるのだ。

旧街道を越え、緩やかな曲線の川跡を道なりに進むと左へカーブする場所❸にさしかかる。ここまでのくねくね道が川跡にできた道だということを感じてもらうために歩いてきたのだが、この猫間川跡は、豊臣大坂城の東惣構堀として最も東側の防御ラインの機能を発揮していた場所でもあるのだ。

信号を左折し、まっすぐ西へ向かい玉造筋を越えると、緩やかな坂道にさしかかる。すると目の前に現れてくるのが**玉造稲荷神社**❹である。

玉造稲荷神社は高台にあり、豊臣大坂城の三の丸の一角にあたると考えられている。境内には、淀殿が秀頼を生んだ時の胎盤などを祀る胞衣塚《えなづか》大明神が鎮座し、秀頼が奉納した鳥居が残るなど秀頼ゆかりの地❺でもある。また、古代には勾玉《まがたま》などを製作する玉作部の居住地であったとも言われており、玉造の地名の由来にもなっている場所である。

そこから南に進み、ドンツキを右折すると再び坂道が現れる。それを上りきった場所から左側を見てほしい。そこには**急な下り坂**❻が現れまっすぐに続く道が見えるだろう。この下はかつての清水谷で豊臣大坂城の時代には、幅約200メートル、深さ約10メートルの南惣構堀があり、その先の丘に真田丸があったのだ。

豊臣大坂城の弱点は南側の惣構堀であった。この辺りは幅広い自然地形の清水谷を利用できたが、上町台地の中央部は空堀のみ。徳川方から南の防御ラインを守ることと敵の目を引き付けるために、南惣構堀の外側に出城を築いたのだ。しかし、相当な覚悟がないとできない戦法でもある。完全な離れ小島であることが、この場所に立つと実感で

❹高台にある玉造稲荷神社の森。

❺豊臣秀頼公像と秀頼が奉納した鳥居が保存されている。中央は難波・玉造資料館。

❻大阪女学院南側にある清水谷を利用した惣構堀跡。この先に真田丸跡がある。左右の道は長堀通。

❼真田丸の絵図にも書かれているゆるやかにカーブする道。

❻惣構堀跡（南側）から見た大阪城内側の高台。真田丸が大阪城から孤立していたことがわかる。

きるだろう。

道をまっすぐ進むと、坂道が見えてくる。**緩やかにカーブする坂**❼の右手にある大阪明星学園のグラウンドが真田丸跡と言われる場所だ。土地は削平され、かつての面影はないが、近年に立派な顕彰碑ができ、そこに記された絵図や陣図などから当時の状況を知ることができる。

向かいにある**心眼寺**❽は、真田信繁親子の冥福を祈るために大坂の陣の後に創建された寺で、近年に信繁の墓碑が建立されたこともあり観光で訪れる人も多い。

心眼寺の裏手は**真田山陸軍墓地**❾がある。明治4年（1871）に真田山を削平して陸軍埋葬地がつくられたのだが、絵図では心眼寺と真田山の間に谷が描かれており、地形が大きく変えられたことがうかがえる。

真田山陸軍墓地のすぐ近くの**三光神社**❿には、「真田の抜け穴跡」と伝わる史跡があるが、石積みでつくられたその穴は、徳川方が掘った穴だという説もあり諸説入り乱れている。

絵図と地形図を重ねると現在の地形とピタッと重なる部分もある⓫。この絵図は、江戸時代に現地にいった人物が、荒れた真田丸跡をスケッチしたものだとも考えられ、清水谷には田や畑の文字があり、平和な江戸時代の雰囲気も伝わってくる。

真田丸は大坂冬の陣の講和後に破却され、大坂夏の陣では大坂城や城下町は火の海となりすべて焼け落ちた。現在も真田丸に関してわかっていないことが多く、形や規模に関してもいまだに諸説あるのだ。周辺を歩くと、いたるところに起伏があることに気づくだろう。凹凸地形を歩きながら自分なりの真田丸の姿を描いてみてはいかがだろうか。

❽真田信繁とその子・大助の供養の為に再建された心眼寺。

❾真田山につくられた陸軍墓地。

⑪絵図と地形図を重ねた図。現在の地形とピタッと重なる。

⑫明治18年測量の「実測大阪市街全図」に地形図を重ねると、江戸時代の田畑の様子を垣間見ることができる。

⑩三光神社境内にある史跡・真田の抜け穴跡。

05

KYOBASHI

京橋

大坂冬の陣の古戦場を目指して。

POINT 河内湖の名残である低湿地帯に、旧大和川がつくった堤防跡の高低差が残る地域。大坂の陣の古戦場跡でもある。

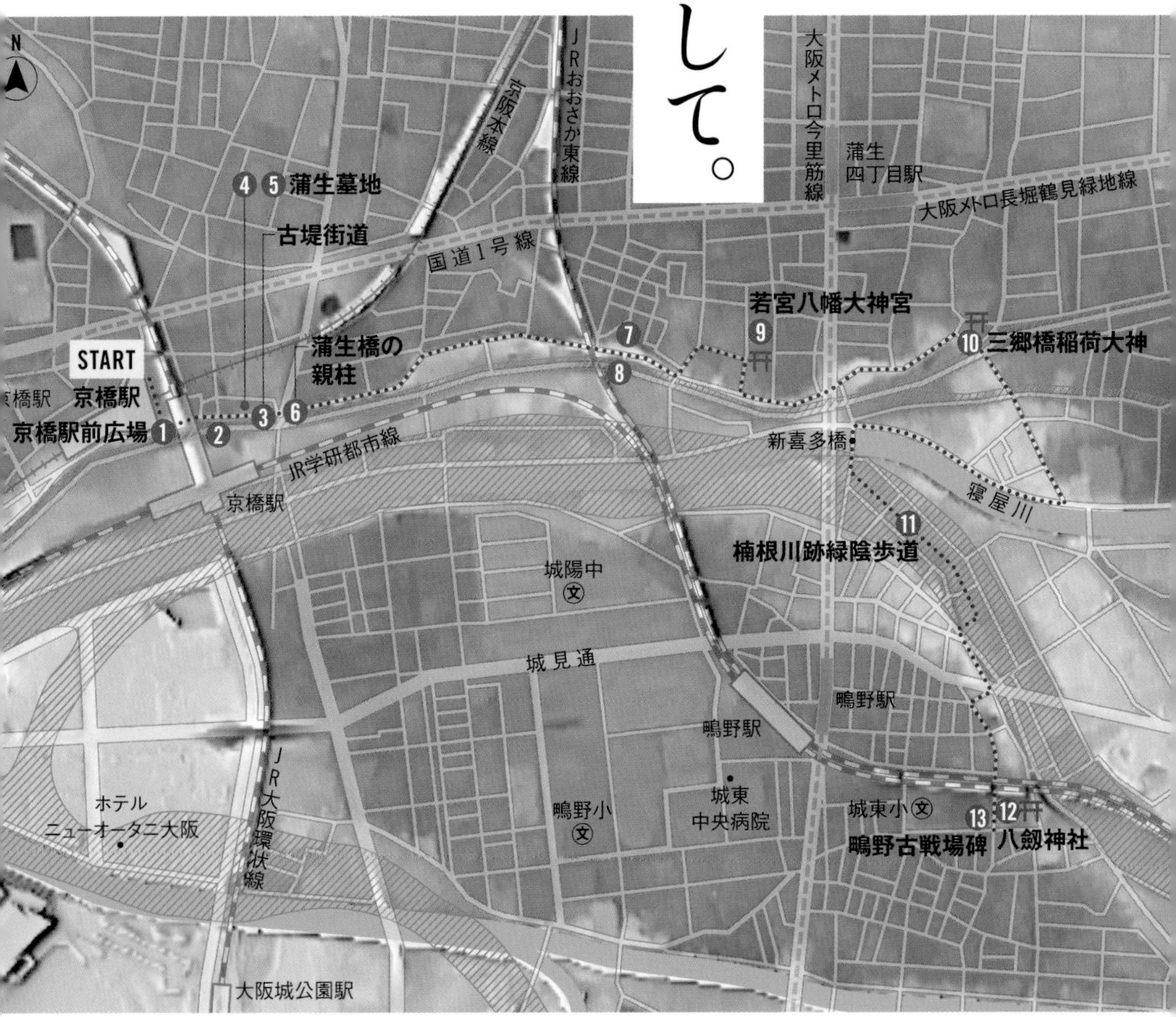

旧大和川流路　旧鯰江川流路

京橋はもともと京街道の起点になった橋の名前で、大坂城内と城外を結ぶ公儀橋（幕府によって架設された橋）であった。明治28年（1895）に現在のJR京橋駅が設置された時、約1・2キロも離れた京橋が駅名となり、いつしか駅周辺一帯を京橋と呼ぶようになっていった。京阪電車との連絡口としていつもにぎわっている**京橋駅前広場**❶から、東に向かって歩いていくことにする。

❸古堤街道は堤の上を通り、右側は鯰江川跡、左側は蒲生墓地。

広場の南側にある階段を上り、JR線高架トンネルを抜けると、左に下り階段が、右はビルの地下へつながる階段❷があることに気づく。さらに進むと左側斜面の下に墓地が現れる。左右に段差があるこの道は、かつての堤跡で**古堤《ふるづつみ》街道**❸という。

街道と並行して通っている道路は、昭和の30年代頃までは鯰江《なまずえ》川という細い川が流れていた。鯰江川は悪水の排除を目的とした河川であったが、江戸時代は寝屋川とつながっていたこともあり、野崎参りの屋形船が行き来していたようである。

墓地は**蒲生《がもう》墓地**❹といい、江戸時代

❷古堤街道沿いに建つビルには鯰江川跡に繋がる階段がある。

❶JR京橋駅と京阪京橋駅の間にある広場。

❻鯰江川に架かっていた蒲生橋の親柱が堤の上に残っている。

❺蒲生墓地に沿って営業する屋台風の立ち飲み居酒屋。

❹堤の傾斜地に古い蒲生墓地が昔の雰囲気を残したまま残る。

のお盆に墓を巡って無縁仏を供養する七墓巡りが流行ったというが、その一つに数えられる古い墓地だ。四方を建物と堤の斜面に囲まれた狭い空間は、ここだけ時間が止まっているような錯覚さえ覚える。堤の上では夕方になると屋外の立ち飲み居酒屋がオープンし、にぎやかな酒盛りと真っ暗な墓地とが背中合わせに共存する稀有な空間❺でもあるのだ。

さて、墓地の先は開けた四辻で、左右の土地が下がっていることから、堤の上を歩いていることがわかる。正面にある店の片隅に橋の**親柱**❻が残っているが、鯰江川に架かっていた蒲生橋のものだろう。

堤は旧大和川がつくり出した自然堤防と思われ、緩やかに蛇行した道に家並みが続き、家と家の間に下に降りる階段❼❽がある。かつては堤の両側にのどかな田園風景が広がっていたのだろう。

踏切を越えると向こうに歩道橋が見えてくるが、そのあたりが旧蒲生村である。蒲生とは変わった名前に思えるが、周辺に低湿地帯が広がっていたことで蒲《がま》が生い茂り、蒲穂がよく採れたことからその名になったという。ちなみに、蒲穂の花粉はやけどや傷の薬として利用されていたようだ。

旧家の大きな屋根が見えたのでそちらに進み、細い道を入っていくと、正面に木々に囲まれた**若宮八幡大神宮**❾が見えてくる。境内には、大坂冬の陣で徳川方であった佐竹義宣の陣跡石碑が建っており、解説板には大木が鬱蒼と茂る小さな丘であったことが書かれていた。

再び古堤街道を進むと**三郷橋稲荷大神**❿を祀った小さな神社が現れ、角に大坂冬の陣

❼堤の下には後背湿地の田園地帯が広がっていたのだろう。

❽鯰江川跡を利用した道路と堤跡の高低差がある風景。

⑩三郷橋稲荷大神のそばにある大坂冬の陣古戦場・今福蒲生の戦い跡碑。

⑪平野川分水路として楠根川が昭和40年代まで流れていた。

⑨旧蒲生村の雰囲気が残る細い道の向こうに若宮八幡大神宮がある。

古戦場・今福蒲生の戦い跡の石碑が建っていた。この東側が旧今福村になるのだが、いままで歩いてきた古堤街道周辺は大坂冬の陣の激戦地でもあったのだ。

慶長19年（1614）11月19日、木津川口の砦で戦いがはじまり、26日未明、佐竹義宣率いる兵は、豊臣方が堤の上に設けていた三重の柵に向かって突撃を開始した。徳川方優勢で始まった戦いであったが、豊臣方の木村重成、後藤又兵衛基次らが駆けつけて反撃し、形成は逆転。佐竹軍は死傷者が多数出て、鴫野《しぎの》の上杉景勝に助けを求め、豊臣方の追撃を食い止めたという。

この地での戦いは、堤に設置された三重の柵の攻防線であったと言われるが、堤の下は足場の悪い低湿地帯で、堤の上の狭いエリアでの戦いだったと考えられている。また、佐竹軍と上杉軍の間には、川幅が広い旧大和川が流れており、どのように連絡を取り、どのように援護したのだろうかと現地を歩きながら想像が膨らむ。

寝屋川に架かる新喜多橋を渡ると緑地の遊歩道が見えてきた。**楠根川跡緑陰歩道**⓫と名付けられた場所は、旧大和川跡でもある。蒲生地区と鴫野地区の間には大和川の本流が流れていたが、江戸時代中期に行われた大和川付替えにより埋め立てられて、楠根川という小河川が昭和40年代まで流れていた。

緑陰歩道を抜けて緩やかにカーブする道を進み、JRの高架をくぐると、左手に**八劔**《やつるぎ》**神社**⓬、右に城東小学校の塀が現れる。小学校の門のところに大坂冬の陣の石碑と**鴫野古戦場碑**⓭がある。この辺りが上杉景勝の本陣跡だといわれている。

歴史上最も有名な戦の一つである大坂冬の陣は、不明点も多いだけに、かつての地形を想像しながら戦国時代に思いを馳せる歩き方も面白いかもしれない。

⓬上杉景勝の本陣跡といわれる八劔神社。

⓭小学校の門の横に大坂冬の陣の石碑が並ぶ。

06
OSAKA CASTLE

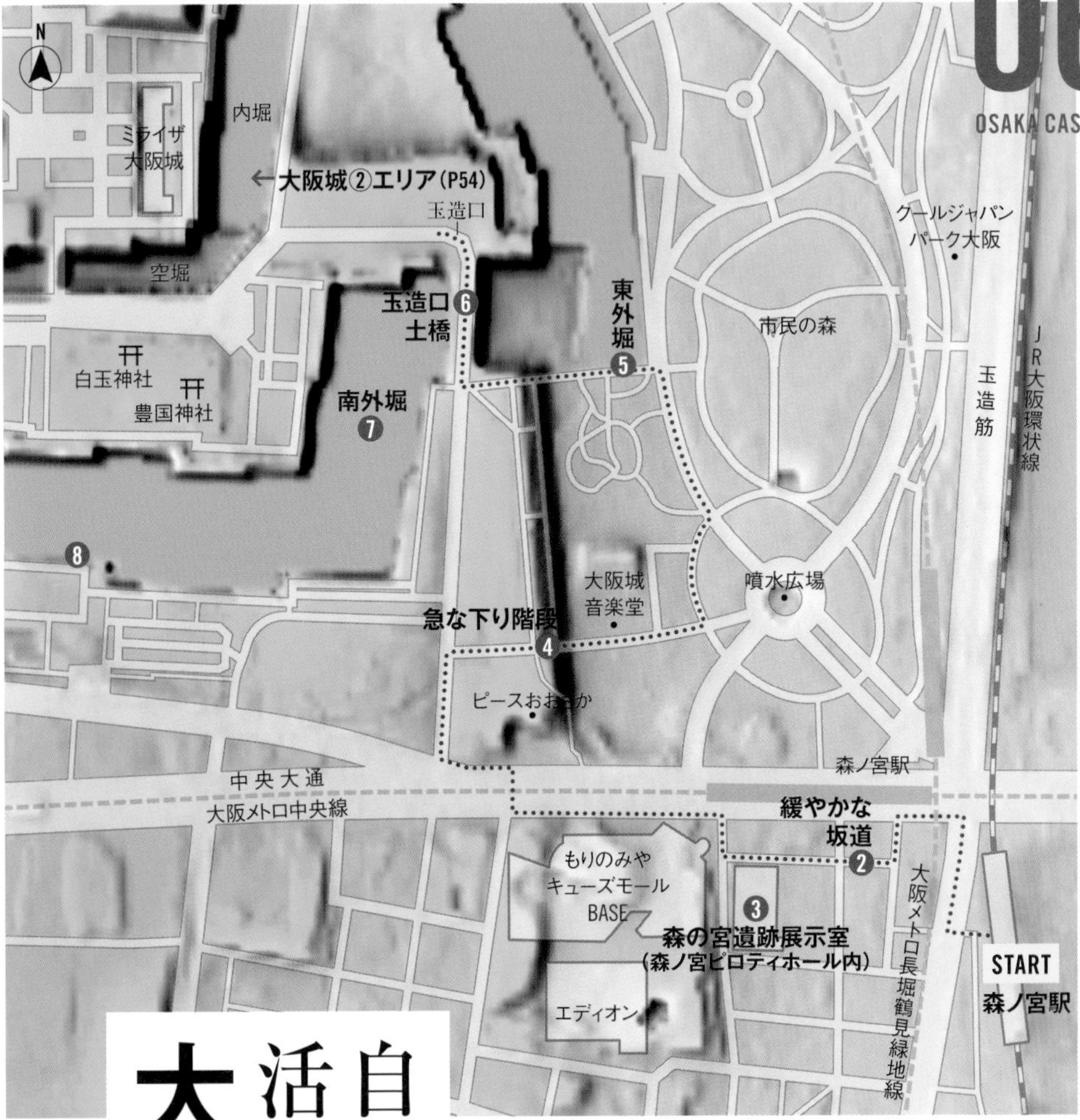

自然地形を活かした名城。大阪城①

POINT　標高約3mの森ノ宮駅から標高約23mの玉造土橋まで、地形の起伏を体感しながら、内堀や外堀が地下水でまかなわれていたダムだと考えるのも面白い。

❶大阪城天守閣は、市民の寄付により昭和6年（1931）に竣工した近代建築であり、大阪のシンボルである。

大阪城❶は地形の変化が最も楽しめるエリアである。ＪＲ森ノ宮駅を下車すると目の前に大阪城公園が見えるが、まずは西に向かって**緩やかな坂道**❷を歩いていくことにする。大型ショッピングモールの手前に黄色い建物の森ノ宮ピロティホールが現れるが、1階には遺跡展示室の入口がある。地下の展示室には、貝塚で発見された縄文人の骨❸などが展示されており、年に数日だけ公開されている（※ピロティホールが2021年夏まで改修工事中のため、今後の公開方針は未定）。

この地域周辺には森の宮貝塚と呼ばれる貝塚が広範囲に埋まっている。貝塚の下層には海に生息するマガキが、上層には汽水から淡水に生息するセタシジミが大量に出土したことから、上町台地の東側に生駒山地の麓付近まで広がっていた河内湾が次第に淡水化し河内湖に変化していった痕跡が貝塚として残っているのだ。

さて、歩道橋を渡って大阪城公園に向かうことにする。歩道橋の先にあるピースおおさかを抜けると右手に**急な下り階段**❹が現れる。急峻な

❸展示室にある貝塚の下層から屈葬という体を折りまげる埋葬方式で発見された縄文人の骨。

❷ゆるやかな斜面は、河内湾があったころの海岸線でもある。

崖が南北に約250メートル続いているのだが、崖の上にはかつて算用曲輪（大阪城に納められた年貢や金銀を計算する場所）があり、高低差約11メートルの階段を下りると下に音楽堂がある。明治18年（1885）測量の地図では、音楽堂がある場所は平坦地でなく、ゆるやかな斜面になっているのだ。当初は上町台地の自然地形が大坂城内に残っていたとも考えられたが、発掘調査の結果、その斜面は徳川期に外堀の掘削で出た土砂を西側の高台から投棄し形成された斜面だということがわかったのだ。ちょっと残念だが面白い調査結果だった。

噴水広場から北へ向かうと**東外堀**❺が見えてくるが、この堀は平成の大改修時に復元されたもので、それまでは埋められていた。大阪城公園にはかつて大阪砲兵工廠があり、東外堀は砲兵工廠の拡張時に埋められた。大阪砲兵工廠とは、大砲や戦車などを製造していた陸軍の軍事工場で、戦時中はアジア最大規模を誇っていたが、その大部分は空襲によって破壊され、戦後しばらくは不発弾が埋まっていることもあり野ざらしになっていた。

この場所をテーマにした小説に、開高健『日本三文オペラ』や小松左京『日本アパッチ族』などがあり、奇跡的に残っていた本館も昭和56年（1981）に突然解体され、跡地に大阪城ホールができて大きく様変わりしたのである。

先ほどの斜面の延長線にある約11メートルの階段を上ると、右手に**玉造口土橋**❻と正面に**南外堀**❼が現れる。南外堀は大手門の前にある大手土橋と玉造口土橋の間に溜められた水堀で、土橋は堰堤の役割をしていることに気づく。今は水が豊富だが、南外堀と西外堀は過去に枯渇したことがあった。昭和34年（1959）、西外堀が干上がり、昭和

❹高低差約11mもの階段

❺平成の大改修によって復元された東外堀。

❼南外堀と玉造土橋（右側）。石垣に黒い部分と白い部分のツートンに分かれていることがよくわかる。

40年代に入って南外堀の水も急速に低下し干上がってしまったのだ。

原因は、当時の大阪が高度経済成長期でビルが乱立し、ビルの空調等のために地下水を大量に汲み上げたためだと考えられている。築城以来、一度も涸れることがなかった堀の水が、上町台地に湧く地下水と雨水で保たれていたことが、このことで立証されたのだ。

その後、堀の水は近くの中浜下水処理場から処理水が注入❽されることになったが、二つの外堀の石垣には、白い部分が現れツートーンになっていることに気づくだろう。これは人工的に水を注入した際、以前より大量に水を入れたために黒く汚れた石垣が洗われてできたものと思われる。

大阪城は隅々まで人の手が加わり自然地形を見つけることはできないが、築城時に地山や地下水など自然地形を巧みに活かして造られていることが想像できる。石垣や堀などの下に埋もれる、かつての地形を想像しながら歩くのも面白いのではないだろうか。

❻玉造土橋の東側。かつてはこの下まで東外堀があった。

❽南外堀に水が注入されている。水が干上がる出来事がきっかけで水が注入されるようになった。

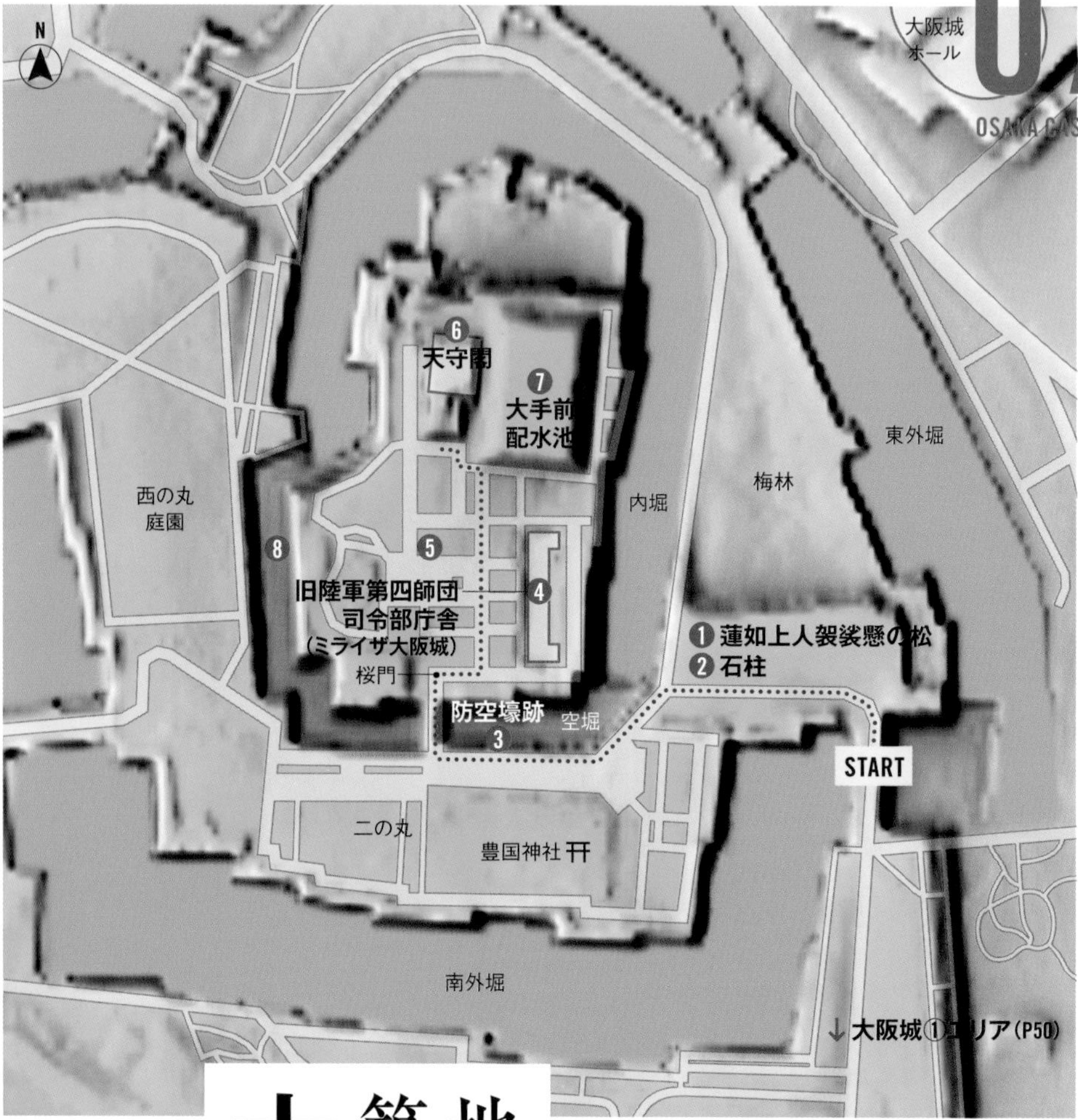

地下に眠る築城の謎。大阪城②

POINT　本丸南側の内堀がなぜ空堀になっているのか、本丸の地山や谷地形はどのあたりにあったのかなどを想像しながら歩くと楽しいエリアである。

大阪城は未だに謎が多く、地中には解明されていない遺構が埋まったままである。今回は玉造口から天守閣までの地中に埋まっているであろう遺構をたどっていきたいと思う。

玉造口から中に入ると二の丸エリアとなり、大阪城天守閣が木々の向こうに現れる。少し進むと右手に**蓮如上人袈裟懸《れんにょしょうにんさがけ》の松**❶の解説板と東屋が目に留まり、その横には「南無阿弥陀仏」と刻まれた立派な**石柱**❷が立つ。東屋の下には、蓮如上人が袈裟をかけたとされる松の根が残るが、江戸時代には本丸に同じ名前の松があったらしく、この松の根が蓮如の時代のものかは疑問が残る。

豊臣大坂城が築城される前、大坂石山本願寺を中心とした寺内町が上町台地の北端部に広がっていた。ポルトガルの宣教師ルイス・フロイスは、『日本史』の中で豊臣大坂城の天守閣を訪れた時の様子を、「旧城の城壁や堀はすべて新たに構築された」と記している。旧城とは大坂石山本願寺のことであり、天守閣のあたりに石山本願寺があり、松もそこにあったと解釈した方が自然かもしれない。

空堀の内堀沿いを通り、桜門から本丸エリアに入ろう。桜門土橋からは空堀の内側がよく見えるが、ここに**防空壕跡**❸の穴が残っているのをご存じだろうか。東側の空堀の南側面に2ヶ所、北側面にも現在は石垣で閉じられているが1ヶ所存在する。防空壕は、陸軍が戦時中につくったもので、当時のことを知る関係者の話では、北側の防空壕はまっすぐ北に続いており、枝分かれした支線は、旧陸軍第4師団司令部庁舎とも繋がっていたという。北へ約120メートル掘り進んだ場所には謎の古い石垣遺構があり、ヘドロ状の泥が溜まっていたこともあり先に進めなかったそうだ。

❶樹齢約200年と言われる蓮如上人袈裟懸の松の根だけがわずかに残る。

❷「南無阿弥陀仏」の石柱は、この地域に大坂石山本願寺を中心とした寺内町があったことを後世に残している。

本丸エリアに入って最初に現れる建物が**旧陸軍第四師団司令部庁舎**❹（元大阪市立博物館）で、現在は商業施設・ミライザ大阪城として生まれ変わり、観光客でにぎわっている。奥に見える大阪城天守閣と旧陸軍第四師団司令部庁舎は、ともに市民の寄付金で昭和6年（1931）に竣工。鉄筋コンクリート造の天守閣は、賛否が分かれた時期もあったが、今や登録有形文化財として存在感を示している。

❹旧陸軍第四師団司令部庁舎と大阪城天守閣は共に市民の寄付で建てられたものである。

広場中央には日本万国博覧会が開催された年に埋められたタイムカプセルがあるが、そのすぐ南西側に井戸のようなコンクリート製の円筒構造物❺がある。この地下約7メートルには、豊臣大坂城の石垣が眠っているのだ。

昭和34年（1959）に発掘調査で見つかった古い石垣は、自然石を積んだ野面積《のづらづみ》（自然石をそのまま積み上げる方法）で、同時期に東京で発見された「豊臣大坂城本丸図」などから中ノ段帯曲輪の石垣であることが判明した。現在の大阪城は内堀・外堀を含め、徳川時代に築造された

❺地下を調査するために開けられた穴の入口。下には豊臣時代の古い石垣が残る。

❸空堀内にある防空壕の入口。草刈りをしたタイミングに姿を現す。

❻天守閣からは改装したミライザ大阪城、左に大手前配水池、右端にタイムカプセルが見える。

ものであることがこの時に判明し、専門家を含め大騒ぎになったのだ。昭和59年（1984）には、金蔵の東側からも野面積で高さ約6メートルの石垣が発見され、現在はその石垣を一般公開するためのプロジェクトが進行している。

天守閣❻の東側にある緑に囲まれた施設は、明治28年（1895）に設置された**大手前配水池**❼で、水道水を市域に供給するために今も現役で稼働している❽。実はこの地下に豊臣大坂城の天守台が眠っていると考えられるのだ。

現在、大阪市は、大手前配水池に水を供給している柴島《くにじま》浄水場（上系）廃止に伴う配水区域の再編等を検討している。大手前配水池が不要になることも考えられるので、その時は地下に眠る豊臣大坂城天守台の発掘が可能になるだろう。大阪城の地下には、解明されていない謎がたくさん眠っている。わずかに姿を現した豊臣時代の石垣は、壮大な迷宮の入口なのである。

❼天守閣展望台から見た大手前配水池。大阪市内で最も高い場所につくられている。

❽大手前配水池と市内を結ぶ水道管。日本で初めて製造された鋳鉄管で、大阪砲兵工廠で製造された。

08

UMEDA

梅田

繁華街の狭間で積み重なる歴史。

POINT　起伏がほとんどない地域であるが、旧街道や集落があった場所は、地形が高くなっていたと思われる。古地図などを併用した地形さんぽが面白いエリアだ。

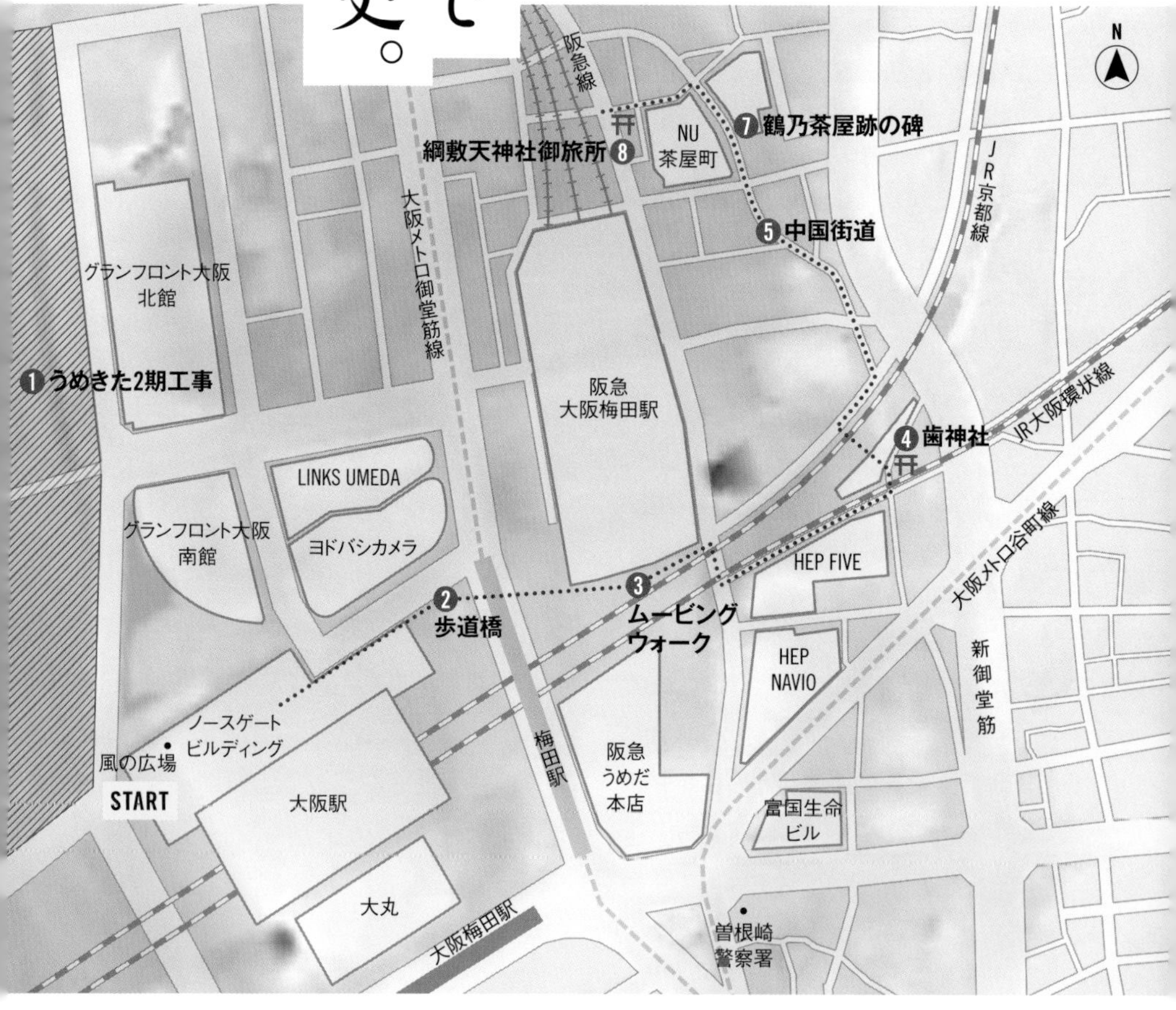

❶工事中の新駅の鉄骨と敷設ルートがよく見えるので記録として残しておきたい。

梅田は古くは梅田宗庵という人物の所有地で、田畑池沼を埋め立てたので「埋田」の名が興り、梅田になったといわれている。

JR大阪駅に隣接するノースゲートビルディング屋上の「風の広場」からは、**うめきた2期工事**❶の進捗がよく見える。大阪万博の前年、2024年夏に街びらきを予定しており、広大な緑地と森や池ができる予定で、緑が少ない大阪のオアシスになることだろう。

上から見ると新駅の設置工事が進行中で、トンネルではなく地上から直接掘削する開削工法が採用されており、昭和8年（1933）に開業した地下鉄梅田駅と同じつくり方のようだ。

この辺りは軟弱地盤で、梅田層と呼ばれる粘土層が地下約25メートル付近から約15メートルの厚さで堆積し、粘土層の上に難波累層と呼ばれる砂層が、下には天満層と呼ばれる地盤がしっかりした砂礫層がある。

今から約7000年〜6000年前、海水面が現在より数メートル高くなる縄文海進（P20）と呼ばれる現象が起

❷正面に梅田のランドマークであるHEP FIVEの赤い観覧車が見える。

❸動く歩道・ムービングウォークは、日本で実用化第1号でもある。

こった。大阪平野の大部分が海に覆われていた時代に、海底に厚く堆積したのが梅田層で、その後、淀川や旧大和川が運ぶ土砂などで陸化する時に堆積したのが難波累層である。梅田層とその下にある天満層の間には、クヌギの材化石が大量に眠っており、縄文海進が起こる前は、クヌギなどの大木が生い茂る森だったようだ。

さて、大阪駅と阪急梅田駅を結ぶ**歩道橋**❷を通り、途中の階段を下りると阪急梅田駅のエスカレーターが並ぶ場所を通る。右手には**ムービングウォーク**❸があるが、この一帯ができたのは日本万国博覧会が開催された時代と重なる。

ムービングウォークが最初に設置されたのは昭和42年（1967）、現在の阪急百貨店の場所にあった阪急梅田駅の神戸線が、現在の場所に高架駅として誕生した時に設置されたのだ。その後、宝塚線が昭和44年（1969）、京都線が昭和46年（1971）に移設されて現在の梅田駅が完成する。まさに1970年の日本万国博覧会を挟んでの大工事だったのだ。

駅が数百メートルも後退するため、利用者の利便性を考えて日本初のムービングウォークをいち早く取り入れたのは、「大衆第一主義」の小林一三イズムが息づいていた証拠かもしれない。ちなみに、梅田駅下にある［紀伊國屋書店梅田本店］の開業も昭和44年で、待ち合わせ場所として有名な巨大モニターのビッグマンは昭和56年（1981）に設置されている。

EST北側の道路沿いに小さな祠がある。**歯神社《はじんじゃ》**❹という変わった名前だが、綱敷天神社の末社で、かつては巨石をご神体とした稲荷社であった。江戸時代中期頃、淀川の氾濫があり、巨石が氾濫した水を歯止めして地域を水没から守ったという伝承が残って

❹歯神社は、都会の片隅に時間が止まったような空気を醸し出している。

❺緩やかなカーブは、旧道のなごりであるが町の景観にも寄与している。

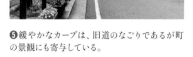

❻明治18年測量の地図を見ると大阪の町から茶屋町までは一本道で繋がっている。赤い印は網敷天神社。

いる。

そこからJR線の下を通り、茶屋町方面へ進むと、道がくねくねしていることに気づくだろう。この道は**中国街道**❺で、鉄道が敷設されるまでは、大坂と西宮方面や能勢方面を結ぶメインストリートであった。街道は途中で二手に分かれ、一方は本庄の渡しで旧中津川を越えて能勢方面へ、もう一方は十三の渡しから西宮方面へと続いていたのだ。

NU《ヌー》茶屋町の前を通る旧街道沿いには**鶴乃茶屋跡の碑**❼がある。江戸時代、周辺には鶴乃茶屋や萩乃茶屋、車乃茶屋がありにぎわっていたといい、近くにある**網敷天神社の御旅所**❽は、古くから街道を通る旅人の安全を見守り続けていたのだろう。

この辺りは江戸時代までは町から少し離れた行楽地で、田畑がどこまでも広がり、春には菜種油をとるための菜の花が一面に咲き、一帯を黄色く染めていたようだ。うめきたにできる緑地にも、春には菜の花で黄色く染めてほしいものである。

❽網敷天神社御旅所の御本社は旧中国街道と旧亀岡街道の分岐点近くにある。

❼旧中国街道（能勢街道）沿いに残る鶴乃茶屋跡碑。

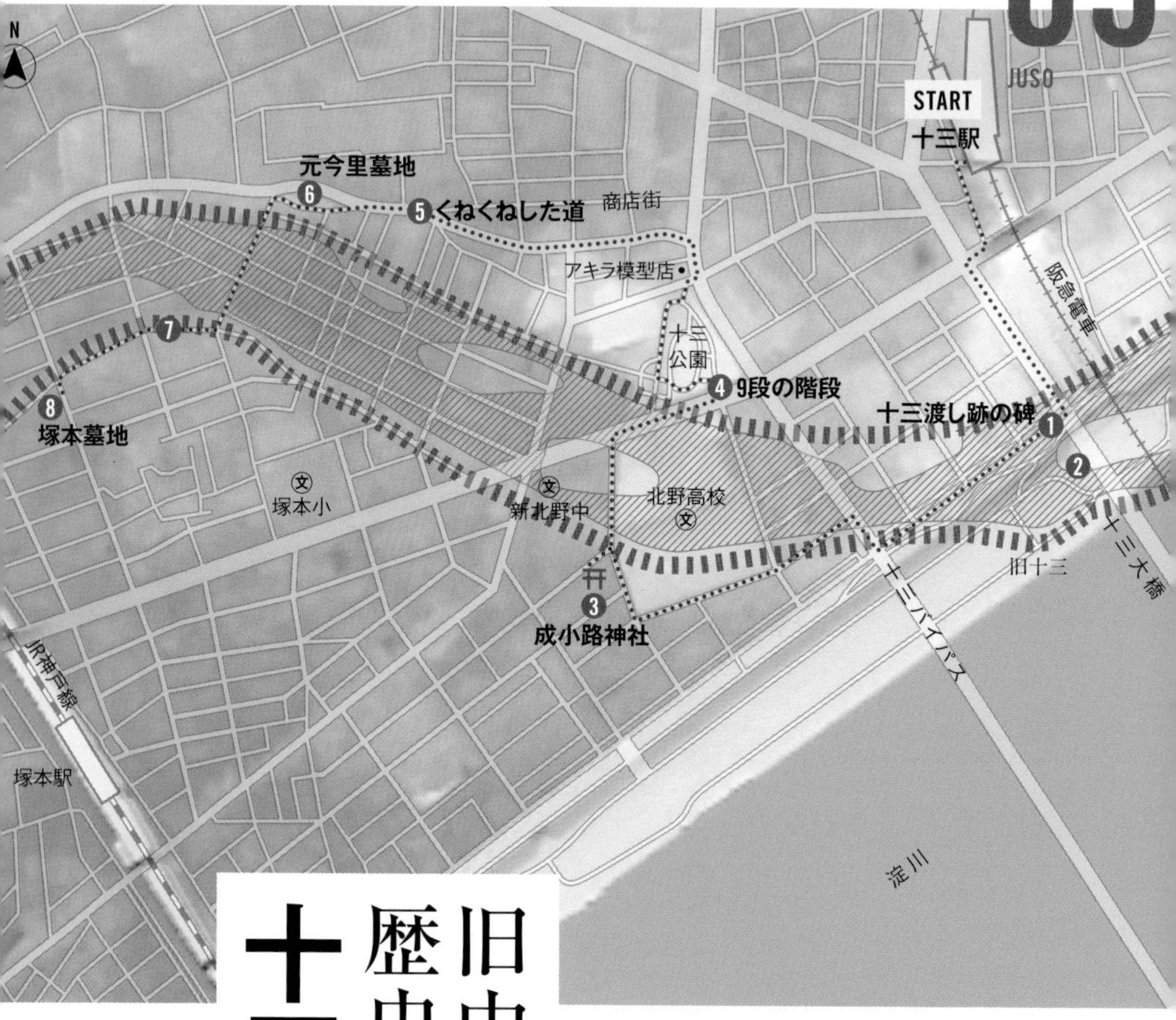

旧中津川沿いの歴史を訪ね歩く。

十三

旧中津川流路
旧中津川堤防

POINT　淀川の開削により土地が大きく改変された地域である。地図を眺めると旧中津川の流路が見え、わずかな起伏が残っている。

私が町歩きをはじめたきっかけの町、生まれ育った地元の十三〜塚本の地形をたどってみたいと思う。

阪急十三駅から歩いて5分ほどの十三大橋北詰には、**十三渡し跡の碑**❶が設置されている。十三の地名の由来は諸説あるが、京都の淀から数えて13番目の渡しという説が昔からよく言われている。

❷かつての十三は河川敷の下に沈んでいる。箕面有馬電気軌道（現阪急電車）が堤防の上に十三駅を設置したことで、のちに十三の地名は復活する。

目の前を流れる淀川は、明治29〜43年（1896〜1910）にかけて行われた淀川改良工事で造られた放水路である。それ以前は旧中津川❷が流れており、江戸時代には中国街道を往来するための十三の渡しが置かれていた。

渡し場の南詰めがもともと十三と呼ばれていた地域で、旧成小路《なるしょうじ》村の外れにあり、茶店などが数件並ぶ程度の場所だった。ところが、人の往来が多くなると、やがて渡しの両岸では「十三のあん焼き」と「十三焼餅」が名物を競い合うようになった。北詰にあった今里屋久兵衛には、昭

❸成小路神社の鳥居の右下に梶山彦太郎氏の玉垣がある。

❶十三渡し跡の解説板には、中国街道を往来する多くの人で賑わっていたことが記されている。

❺中島大水道を埋め立てたくねくね道。

和の時代、阪急電車の創業者・小林一三氏も社用車でよく買いに訪れたという。

十三バイパスを越え、北野高校のグラウンド裏の角を曲がると、新北野中学校の向かい側に**成小路《なるしょうじ》神社**❸がある。明治42年（1909）、成小路村にあった鷺嶋神社は中津の富島神社に合祀されたが、昭和53年（1978）に成小路神社として再建されたものだ。

神社の玉垣に興味深い名前がある。梶山彦太郎。十三郵便局長を務める傍ら地質研究を続け、大阪市立大学の市原実氏と共同で、昭和47年（1972）に「大阪平野の発達史」を発表した方である。その論文で発表された古地理図（P21）は、今も大阪平野のなりたちの基盤となっており、私にとっても地形散歩の教科書のような存在である。

北野高校の正門前を通り、歩道橋を渡って十三公園前に立つと、歩道と十三公園の間には**9段の階段**❹がある。この高低差は旧中津川の自然堤防の痕跡だ。公園には、幹の太い大木がいくつもあり、西側のグラウンドや道路の向かい側にある北野高校は土地が低く、ともに旧中津川を埋めた跡地に造られ

❻今里村の墓地は旧中津川の堤防と中島大水道に挟まれた狭い場所にあった。

❹十三公園が少し高くなっているのは旧中津川の堤防跡であったからでもある。

たもので、公園の大木は自然堤防に自生していたものであろう。

また、公園周辺は中世に堀城（中嶋城）があったと推定されており、明治時代の地図には堀という地名がその痕跡として残っている。

十三バイパスに沿ってアキラ模型店の前を通り、商店街の手前の道路を左折すると、**くねくねした道**❺が続く。この道は中島大水道を埋め立てた跡で、旧中津川と並行するように流れていた水路跡だ。十三バイパス沿いの道はかつての中国街道で、戦前に私の祖父が米穀店を営んでいたのもこの辺りである。父が生まれた場所であり、私のルーツもこの辺りになるのだろう。

くねくね道を進むと**元今里墓地**❻が現れる。旧中津川右岸と中島大水道の間にあった堤跡で、享保年間に渡し場であん焼きを始めた久兵衛の墓も残っている。

次の筋を左折して直線道をまっすぐ進み、道の角度が変わる場所を右折する。角度が変わった地点が、旧中津川の左岸になる。そこから緩やかに角度を変えながら道が続くが、かつての堤沿い❼を歩いているわけである。

2筋目の左側に複数の石仏を祀る場所が現れるが、ここが**塚本墓地**❽の入口だ。真ん中にある石仏が、塚本の地名の由来にもなっている如来塚。かつては盛土の塚に祀られていたが、淀川改修工事の際、この地に移されたもので、塚本地域の宝物である。

ふだん生活している街も、地形と歴史をひも解けば思わぬ発見をすることがある。私の町歩きのきっかけも、祖父が十三に米穀店を構えていた戦前の町を知りたくなったことで、調べるとたくさんの驚きがあり、知れば知るほど地元に愛着が湧いてきた。皆さんがお住まいの街にも、思いもよらない歴史が隠れているかもしれない。

❽墓地内には塚本の地名の由来にもなっている如来塚がある。

❼塚本地域のわずかにカーブした道は、旧中津川の堤防に沿ってつくられた道である。

大阪市南部

この写真は口縄坂（P77）。昔ながらの寺町の風情が残るエリアだ。上町台地の中心部は、日本が仏教の教えを持って中央集権国家へと進んでいくために建立した四天王寺があり、海に沈む夕陽が美しく見えた場所。西崖は縄文時代の海岸線で、住吉大社まで続く高低差を実感してもらいたいエリアである。

10

DOTONBORI

道頓堀

低地を流れる小川をさかのぼる。

POINT　上町台地の縁（へり）を歩くことで、高低差を体感することができるエリアだ。また、高い場所から低い場所へ流れていたかつての水の流れを想像するのもいいかもしれない。

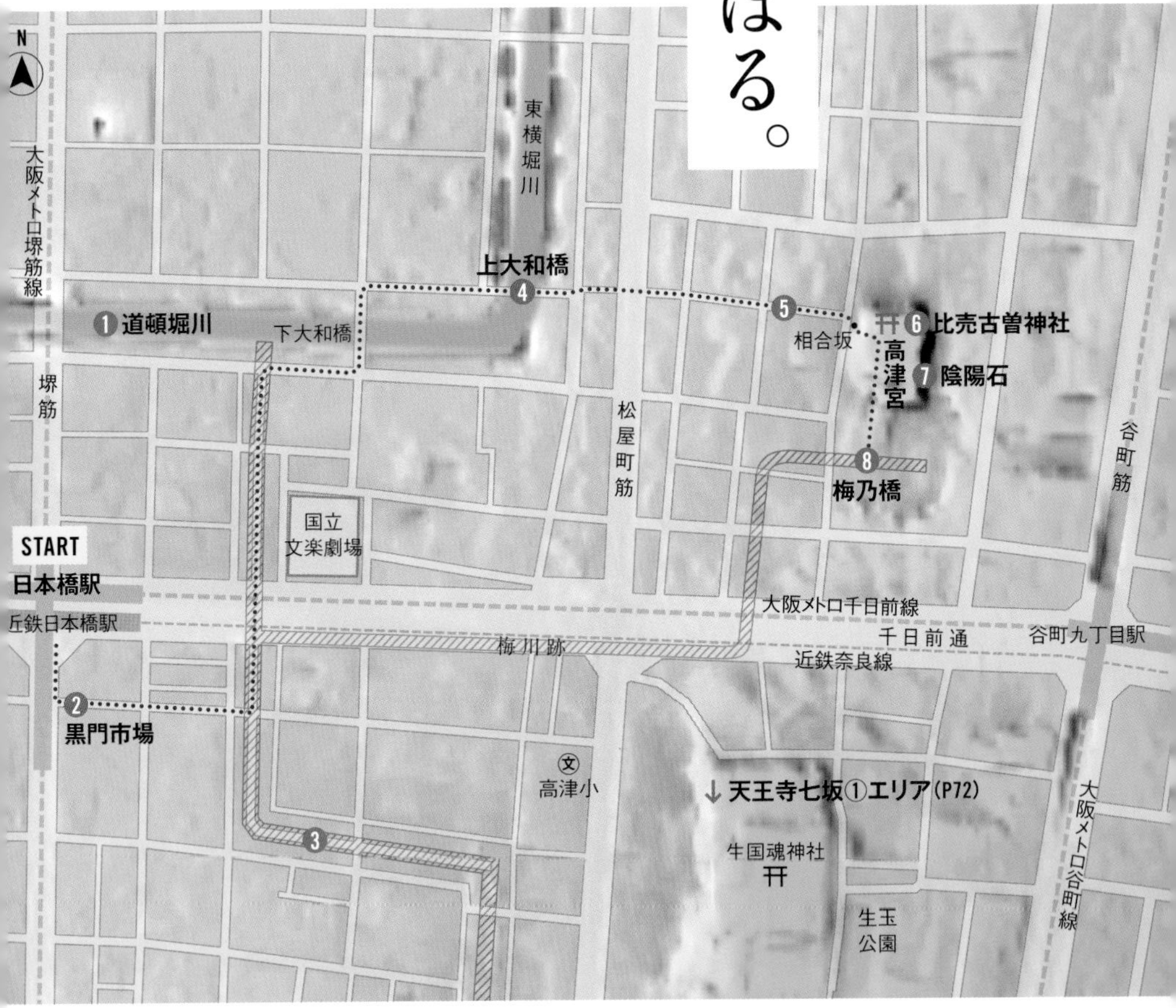

高津入堀川跡

世界的な観光地となった道頓堀だが、大坂城の城下町として船場が開発されるまでは、低湿地帯で人が住むには不向きな場所であったという。上町台地から流れる雨水などは小さな川に流れ込んでいたのだろう。そんな川を開削で広げたのが**道頓堀川**❶と言われている。道頓堀川の源流をもとめて地形散歩してみよう。

大阪メトロ日本橋駅10号出口の階段を上がると堺筋に出てくる。黒門市場のアーケードが見えたので少し寄り道をしていこう。**黒門市場**❷の歴史は、江戸時代後期に魚商人が魚の売買を始めたのが始まりだといい、名前の由来は近くに圓明寺《えんみょうじ》というお寺の黒門があったからだという。

市場のすぐ東側には昭和43年（1968）頃まで高津《こうづ》入堀川《いりほりがわ》❸があった。高津入堀川は、高津地区開発を目的に享保18年（1733）に開削されたが、この地に市場ができたのも堀川があったからであろう。

高津入堀川跡をたどり北へ向かい、道頓堀川に架かる下大和橋を渡って東へ

❶成安道頓によって開発がはじまった堀川の開削は大坂夏の陣の年に完成。当初は新川と呼ばれていたが、大坂夏の陣で犠牲になった道頓を悼んで道頓堀と名付けられた。

❷黒門市場は、海鮮や果物、加工食品などなんでも手に入ることから「大阪の台所」と呼ばれている。

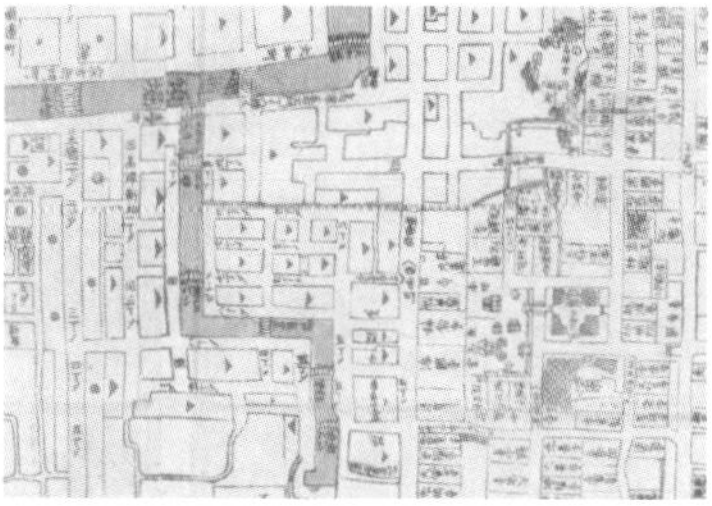

❸「増修改正摂州大阪地図」には高津入堀川とそこに流れ込む川が描かれている。

進むと、次に現れるのが**上大和橋**❹である。ここは東横堀川がカーブして道頓堀川に名を変える場所でもあるのだ。

道頓堀川の開削は、慶長17年（1612）に始まり、大坂の陣を挟んで元和《げんな》元年（1615）に完成している。堀留となり悪臭を放っていた東横堀川と西横堀川を結んで木津川に通すことと、低湿地帯であったエリアを開発する目的があった。道頓堀川ができると沿岸の開発が始まり、勘四郎町にあった芝居小屋を道頓堀川の南側に移したことで、芝居小屋が立ち並ぶようになる。最盛期には、歌舞伎六座、浄瑠璃五座、からくり一座の計十二座が軒を並べるまでになっていったのだ。江戸時代後期に書かれた『摂陽奇観』には、道頓堀ができる前は、梅川という小川が流れていたと記されている。

船場エリアが開発される前は、上町台地から湧き出した水や雨水などが流れる川や沼地がいくつもあったと思われる。地名として残る鰻谷や丼池なども、そのような自然地形の名残なのかもしれない。

松屋町筋を越え、緩やかな傾斜地を歩いていくと地名が瓦屋町《かわらやまち》であることに気づく。江戸時代は瓦の大製造現場だったエリアだ。上町台地の地層は大阪層群と呼ばれる粘土層と砂や礫が幾重にも重なり、粘土質の土が採りやすかったことも瓦の生産に都合がよかったと考えられる。

目の前に緑で覆われた高台が見えてきた❺。高津宮《こうづぐう》だ。仁徳天皇を主祭神とする神社で、元は旧高津宮跡《たかつのみやあと》に祀られていたが、大坂城築城時に比売古曽《ひめこそ》社が祀られていたこの地に遷されたという。残念ながら旧高津宮跡の場所は不明だが、築城時に遷宮したことを考えると、現在の大阪城の辺りと想像できる。境内の片隅には、元宮である**比売古曽**

❹上大和橋は、道頓堀川と東横堀川が繋がる場所にある。

❺瓦屋町から見た高津宮。高低差は約8mだ。

❽梅の橋の下を梅川が流れており、近くには梅ノ井という名水の井戸があった。

神社❻がある。

高津宮は離れ小島のように独立した高台の上に鎮座している。西側には相合坂と名付けられた石段があり、その上の絵馬堂は、江戸時代に展望台として有名な場所であった。北側には立派な石垣がほぼ垂直に建っており、東側は自然石でつくられた石垣になっている。その一部には**陰陽石**❼が使われており、神秘的なエリアでもあるのだ。

南側の表参道は石畳が長く続き、その中ほどに石の反り橋がある。この橋は**梅之橋**❽といい、かつてこの下を梅川という名の小川が流れていた。周囲を見渡すと窪んだ低地であることに気づくが、梅川の水源を探してもそれらしきものは見当たらない。おそらく上町台地の崖から水が湧き出した水が源流となり、梅川を流れていたのだろう。

上町台地を歩く時は想像力を膨らませてほしい。土地の高低差を感じ、崖のいたるところから水が湧いていた時代に思いを馳せてみてはいかがだろうか。

❼境内の東側斜面には陰陽石が祀られている。

❻この地の元宮であった比売古曽神社。『延喜式神名帳』にも記された古社で、鶴橋にも同名の神社がある。

11

TENNOJI NANASAKA

崖線にできた坂を歩く。天王寺七坂①

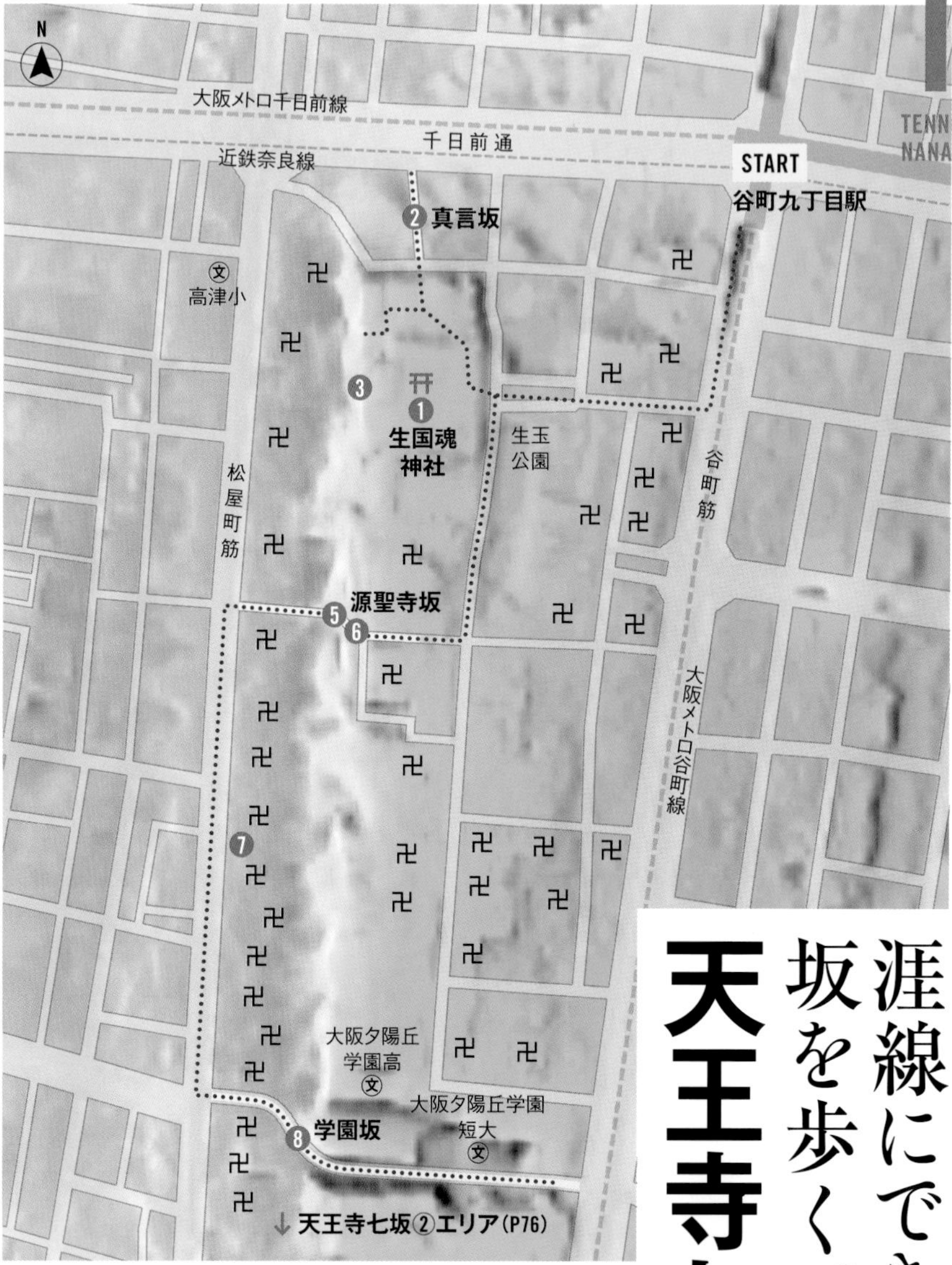

坂道

POINT　高低差が15～20mの崖が約1.5km続く崖線に七つの坂がある。寺町であることで開発から取り残され、自然が多く残っているのも魅力である。

❷生玉さんの北門から下の道路まで約9mの高低差があり、両側には明治の廃仏毀釈まで寺院が集まりにぎわっていた。奥の左右の道は千日前通。

大阪で坂といえば、やはり最初に思い浮かぶのは「天王寺七坂」である。上町台地の西端に位置し、崖に沿って寺町が続くエリアだ。真言坂から逢坂までの約1500メートルの区間を3回に分けて歩いて行こうと思う。

谷町9丁目の交差点を南進し2筋目を右に入ると生玉さんの参道になる。大阪の人は「いくたまさん」と通称で呼ぶことが多いが、正式名称は**生国魂《いくくにたま》神社**❶である。参道の両脇は公園になっており一段低くなっているが、かつては池があり、北側の池の中央には弁財天が祀られていた。

参道正面には大きな鳥居がそびえ立つ。かつては上町台地の北端の森に鎮座し、孝徳天皇が難波宮を造営する際にその森の木を切ったことが『日本書紀』に記されるほどの古社であるが、豊臣秀吉公が大坂城を築城する際この地に移転させられた。拝殿の屋根の上には本殿の一部が見えるが、三つの破風を備えた「生國魂造」と呼ばれる巨大な建物である。

境内北側にある赤い北門に立つと

❸崖下から生国魂神社の森と本殿を見たところ。本殿まで約20mの高低差がある。

❶生国魂神社が最初に鎮座していた思われる大阪城公園内には、御旅所跡がある。

緩やかに下る石畳の坂道が見える。天王寺七坂で唯一北側にある**真言坂**《しんごん》❷だ。江戸時代には坂の両側や周辺に真言宗の生玉十坊があったことからついた名だという。現在は千日前通までゆるやかな坂道になっているが、『摂津名所図会《ずえ》』を見ると石段が続く坂道であった。

境内西側は鬱蒼とした森が見通しを遮っている。木々の隙間から下を見ると断崖絶壁❸の上に立っていることに気づくだろう。この場所はまさに上町台地西側の崖上であり、ここから南方へ高低差約15〜20メートルほどの急崖が続いている。崖の上と下には寺町が形成され、崖線は各寺の境界線でもあり自然豊かなグリーンベルト❹となっている。この急崖を上り下りできるように源聖寺《げんしょうじ》坂・口縄《くちなわ》坂・愛染《あいぜん》坂・清水《きよみず》坂・天神坂・逢坂《おうさか》などがつくられ、真言坂と合わせていつしか「天王寺七坂」と呼ばれるようになった。

生国魂神社の大鳥居前の道を南に進み最初の道を右に曲がると、その先に石畳と両側を寺の塀で囲まれた風景が現れる。その先が**源聖寺坂**❺だ。石畳を歩いていくと途中で石段に変わり、足元を気にしながら緩やかなカーブを下りていくと、まっすぐ続く風景❻が目の前に現れる。正面の方角が西になるので、夕方にこの場所に来ると赤く染まった夕空を見ることができるかもしれない。

坂の突き当たりは松屋町筋で、それに沿って寺町❼が続くが、南進しながら左手を見ていると上町台地の崖線が見える。このエリアを歩く分にはあまり不便を感じないが、車を運転している人にとっては不便で、生国魂神社から天王寺公園までの約1・5キロの間は近代に入ってもしばらく東西交通が途切れていたのだ。

現在、**学園坂**❽と呼ばれる坂道は、天王寺七坂には入らないが、当初は夕陽丘新道と

❺自然地形を利用してできたと思われる源聖寺坂のカーブ。

❹あべのハルカスから見た上町台地西側のグリーンベルト。中央より奥が天王寺七坂の辺り。

❻真西に向かってまっすぐ続く源聖寺坂。かつては先に海が見えたかもしれない。

呼ばれ、大阪市の第二次都市計画事業として昭和12年（１９３７）頃につくられたものである。大阪が大大阪と言われていた時代にできた道だ。

この道は谷地形を利用してつくられており、『摂津名所図会大成』には「蟲《むし》谷」と記され、秋の頃に虫の音が多く聞こえたところからその名がついたとされる。坂の上にある大阪夕陽丘学園高等学校の場所にはかつて「西照庵」という高級料亭があった。『浪花百景』や『浪華の賑ひ』などに図会が残るほどの名店で、遙か淡路島まで見えたようだ。さらに時代をさかのぼり戦国時代には、谷を堀として利用した天王寺古城があったという。

天王寺七坂周辺は古き良き大阪の風情を感じることができる数少ないエリアである。都心にあるので、思いついた時にふらっと地形散歩するにはちょうどいい場所かもしれない。

❼崖の下には大坂の陣の後に松平忠明によって寺院が集められ、下寺町が形成された。

❽谷を削って造られた道路で、上町台地の断面の形状を見ることができる唯一の場所でもある。

12

TENNOJI NANASAKA

天王寺七坂②

海を望んだ坂を上り下り。

POINT　天王寺七坂で最も風情がある口縄坂や大江神社、愛染堂などが集まり、地形の高低差を最も体感できるエリアでもある。

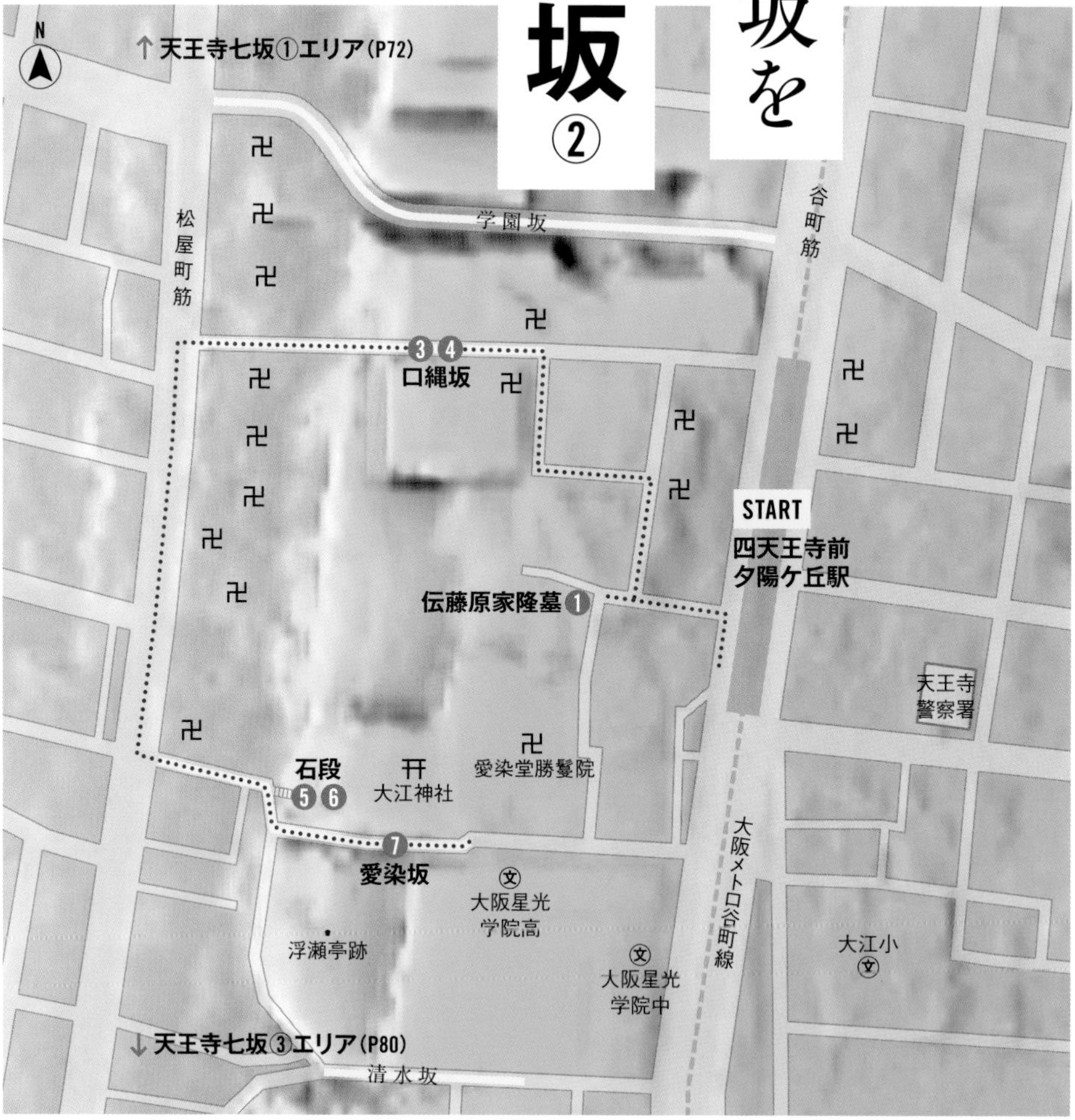

坂道

大阪メトロ谷町線四天王寺前夕陽ヶ丘駅から地上に上がってくると、そこは夕陽丘町である。地名から想像はつくが、地形とも大いに関係しているエリアだ。5号出入口から西に向かうと道のドンツキに五輪塔が見えてくる。

ここは**「伝藤原家隆《ふじわらのいえたか》墓」**❶がある場所で上町台地の西端に位置する。藤原家隆とは鎌倉時代の著名な歌人で、この地に「夕陽庵」という名の草庵を構えて晩年を過ごし、西の海に沈む夕陽を眺めてこのような歌を残している。

契りあれば なにわの里に やどり
きて波の入日を拝みつるかな

❸ここだけ時間が止まったような昔ながらの風情が残る口縄坂。

四天王寺では彼岸の中日に、真西に沈む夕陽に極楽浄土を観想する「日想《じっそう》観《かん》」という法要❷が今も行われているが、家隆もここから海に沈む夕陽を拝んでいたのだろう。この歌の「浪の入日」が「夕陽丘（夕日岡）」の地名の由来になっているのである。

ここから北方面へ道なりに進み、角を曲がった先で道が途切れる。目の前の下り坂が**口縄坂**❸だ。口縄とは蛇の異名で、朽ちた縄に似ているところか

❷四天王寺で彼岸の中日に行われる日想観の法要。

❶伝藤原家隆墓は、夕陽が海に沈む絶景スポットだった場所にひっそりと佇む。

らそう呼ばれるようになったという。確かに坂下から眺めると石段が蛇腹のように見えなくもない❹。

坂の下り口には織田作之助の文学碑がある。

口縄坂は寒々と木が枯れて白い風が走っていた
私は石段を降りて行きながらもうこの坂を登り降りすることも当分あるまいと思った
青春の回想の甘さは終わり新しい現実が私に向き直って来たように思われた
風は木の梢にはげしく突っ掛っていた　（織田作之助「木の都」より）

オダサクも素敵だが、私はというと有栖川有栖氏の『幻坂《もぼろしざか》』の「口縄坂」を思い出し少しミステリアスな気分になるのだ。

口縄坂は、野良猫が多い印象がある。ここを通ると数匹の猫がいつも階段横の塀の上から私を見ていたからだろう。『幻坂』では、そんな野良猫と女子高生が奇妙な悪夢に悩まされる話だ。この坂は、夜に歩くとゾクッと寒気を感じることがあるが、昼間でも周りに人がいないと異空間に誘われるような雰囲気を醸し出している。

坂道を下りる途中で右方（北側）を見ると、鬱蒼とした樹々に覆われた急崖が見えるが、この辺りから天王寺方面にかけて高低差が15メートルほどの急崖が続く。この崖は海が削った海食崖でもあるのだ。

縄文時代に起こった縄文海進（P21）により、大阪平野の大部分が海に覆われ、上町台地は南北に細長く半島のように延びていた。台地の西側は打ち寄せる波による浸食作

❹かつては蛇に似た坂だったのだろうか。蛇は「くちなわ」とも読み、形が朽ちた縄に似ているところからヘビの別名とされている。

❻今は鬱蒼とした森になっているが、ここからの見晴らしはさぞ素晴らしかっただろうと思う。

❺大江神社石段の一等地でにらみを利かす不愛想な猫。

用で削られ急峻な崖をつくったと考えられるのだ。

さて、口縄坂を下りて松屋町筋を南へ進み、最初の道を左折して東へ向かうと大江神社の石段が見えてくる。玉垣の上にいる猫❺にカメラを構えてみたが、何の愛想もなくじっとしていたのが印象的だった。石段の上からの眺め❻は迫力があり、急勾配の斜面は海食崖の痕跡なのだろうと想像が膨らむ。

境内を抜け鳥居の横にあるのが**愛染坂**❼だ。大江神社に隣接して愛染堂勝鬘院があることからその名が付いた。

愛染坂の南側はコンクリート塀で風情はないが、その奥には明治時代の初め頃まで「浮瀬亭《うかぶせてい》」という料亭があった❽。江戸時代の『摂津名所図会』や『浪華の賑ひ』にも紹介されるほどの有名店で、当時は建物の西側に遮るものがなく、大阪湾を行き交う白帆や遠く淡路島まで見渡せたという。松尾芭蕉や与謝蕪村など有名な文人たちをも魅了した風景とはどういうものだったのだろう。誰もいない坂の上から西の方角を見ていると、その風景が見えるような気がした。

❼愛染坂の左手の広い敷地に斜面の地形を活かした浮瀬亭という料亭があった。

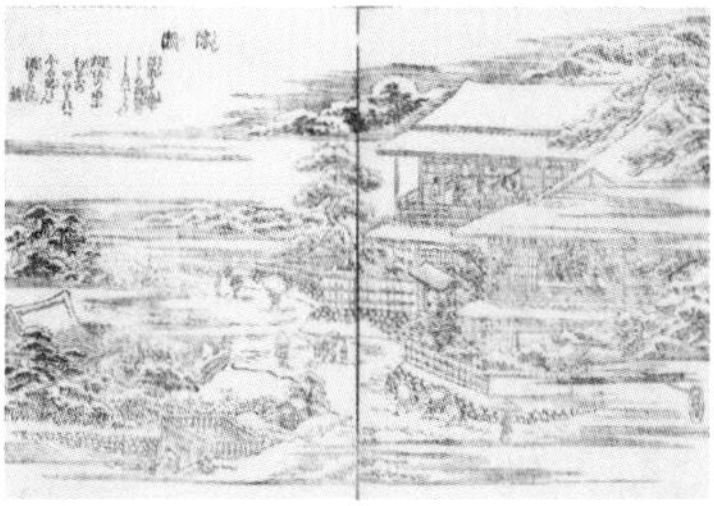

❽総二階の大きな料理屋で、前を遮る建物がなかったので、海まで見渡せたようだ。

天王寺七坂③

坂のあちこちに湧く名水。

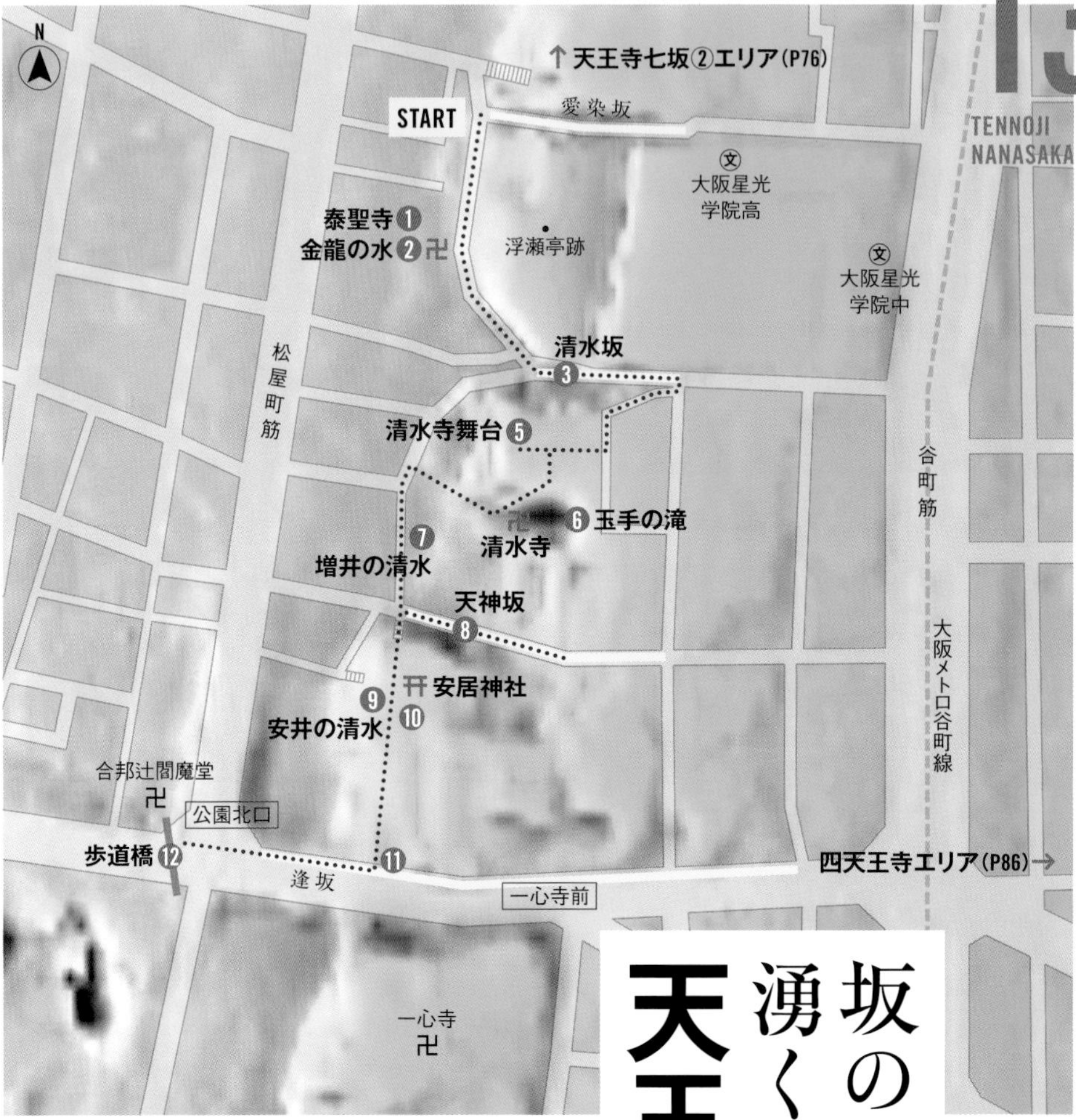

坂道

POINT　短い距離の中で四つの坂道が集まり、清水寺にある玉出の滝は、細くて深い谷地形であったことがうかがえる。

天王寺七坂がある上町台地の西崖はどのようにしてできたのか、その成り立ちを簡単に触れておきたい。上町台地は逆断層運動によって上盤が下盤に対してずり上がった地形である。地表付近は撓曲した状態になっているため西側が高く東側が緩やかになっているのだ。それらが長い年月を経て風化して現在の地形になっているのである。

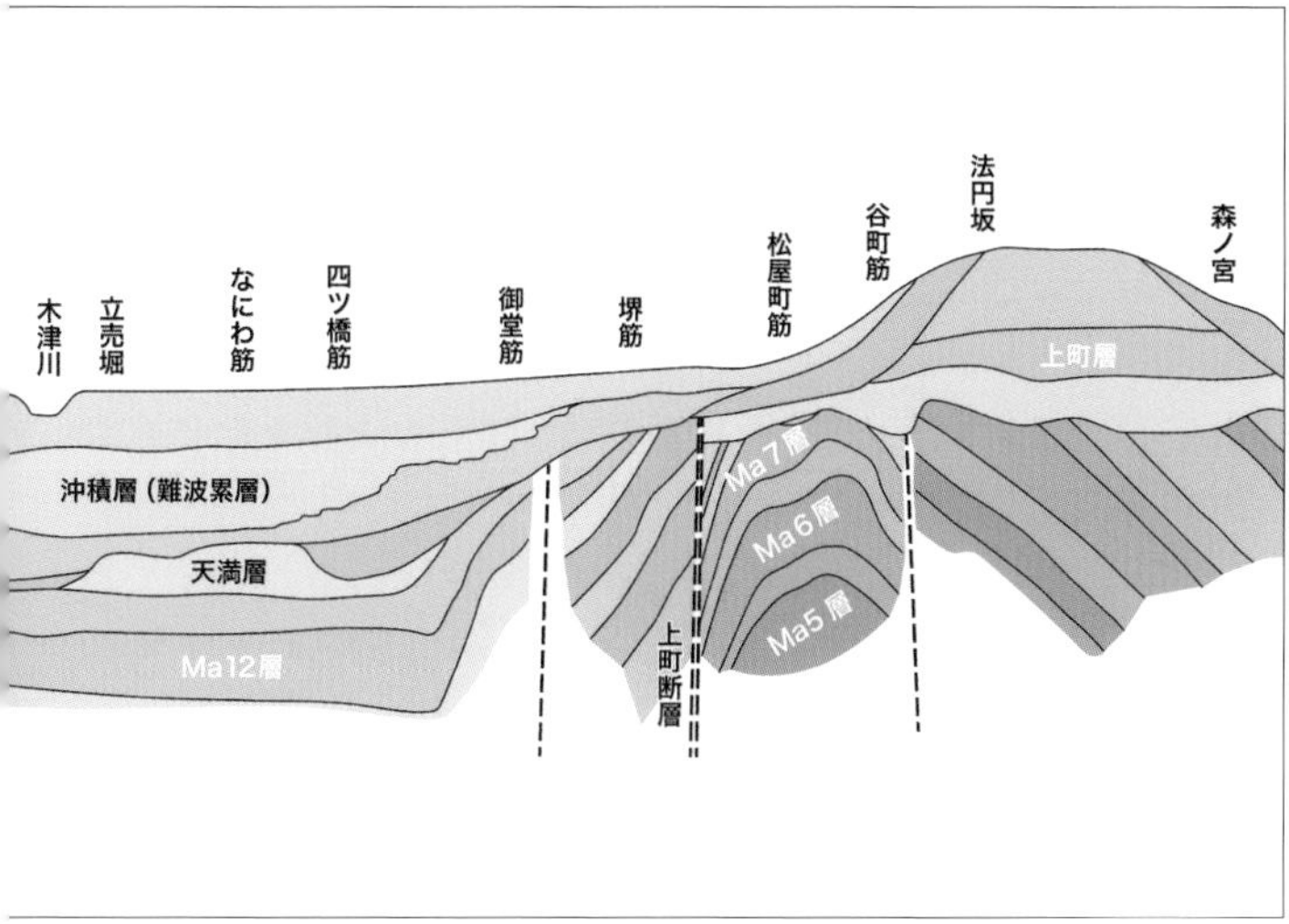

「上町台地北部の東西地質断面図。上町断層の位置より、西崖が浸食により後退したことがわかる。市原実『大阪層群』（創元社）所収の図版を参考に作成

今回は愛染坂を下りた崖沿いの道から歩いていこうと思う。上町台地の崖沿いを歩いていくと、右手に**秦聖寺**❶が現れる。この寺は、目の観音様として有名な京都府長岡京市にある柳谷観音・楊谷寺の大阪別院で、境内には眼病にご利益があると言われた**金龍の水**❷という名の井戸がある。井戸は近年に復元したものだが、かつては天王寺七名水（泉）の一つに数えられるほど有名な井戸であった。

天王寺七名水とは、天王寺七坂と重なるエリアにかつて存在した金龍・有栖・増井・安井・玉手・亀井・逢坂の七つの井戸のことで、この地がいかに良質な水に恵まれた土地であったかがうかがわれる。

❷『摂津名所図会大成』に「泰聖寺の内にあり清泉にして甘味なり」と記された金龍清水。

❶柳谷観音大阪別院泰聖寺。

❺清水寺舞台から安井の森がよく見える。

そこから少し歩くと**清水坂**❸がある。両側を崖に挟まれ、長くきれいに整備された坂道だ。江戸時代の『摂津名所図会』を見ると坂の上り口に井戸が描かれている❹が、これが「有栖の清水」であろうか。井戸からは水が豊富に流れている様子が描かれており、当時は自噴していたのかもしれない。

清水坂を上がり、清水寺の墓地内を進むと目の前に開けた高台が現れる。**清水寺舞台**❺と名付けられたこの場所には、かつて本堂西側の崖に張り出した木組みの舞台があり、京都・清水寺と同じく懸《かけ》造りとも崖造りとも呼ばれる舞台からは大阪湾が一望できたという。

墓地の階段を下りると左手の奥から水が落ちる音が聞こえてくる。京都・清水寺の音羽の滝を模した**玉出の滝**❻で、三方が崖に囲まれ、石造りの筧から水が滴り落ち、今も滝行場となっている。

清水寺から細い道を進むと**増井の清水**❼の石碑がある。個人邸の庭に位置し痕跡は見

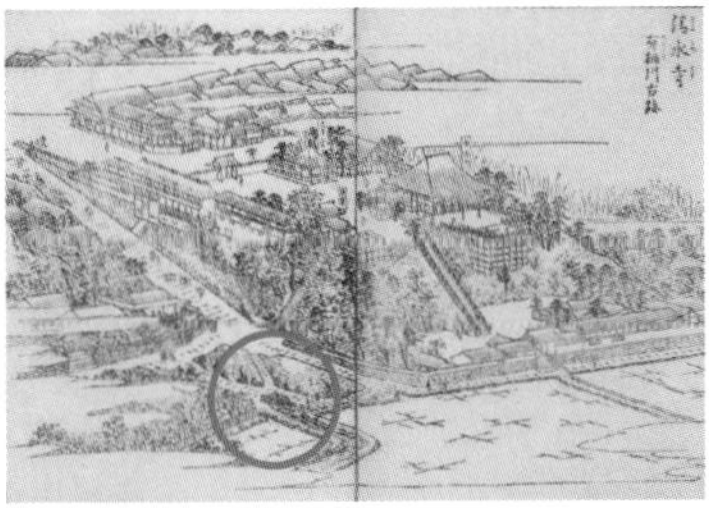

❹『摂津名所図会』の清水寺と有栖川古跡の図。坂の下に描かれているのは有栖の井戸だろう。そこからあふれるように水が流れている。

❸昔の風情を感じにくい清水坂だが、奥まで続く緩やかな坂道は昔のままである。

❽安居神社が安居天神社と呼ばれていた時代があったことから天神坂となった。

❼個人邸の庭に残る増井の清水の石碑。奥の崖下に井戸があったのだろう。

❻玉出の滝は、谷地形の奥まったところにあり、かつては水が豊かに湧いていたのだろう。

当たらないが、湧き出る水を溜めた水溜場が上下二段に分かれ、上段を武士、下段を町人が使うようになっていたという。

さらに進むと正面に緑で覆われた小山が現れ、その左手には長い坂道が続いている。この坂道は**天神坂**⑧で、天神山とも呼ばれた丘の上に鎮座する安居神社が安居天満宮といわれていたところから付いた名前だ。

⑩真田信繁（幸村）が戦死したと伝わる安居神社に建立された像。

安居神社は、菅原道真公が大宰府への道中に休息を取った場所だと伝わるほか、崖下には天王寺七名水の一つ**安井の清水**⑨がある。この水を飲めば疳《かん》の虫が治まるところから「かんしずめの井」とも呼ばれていた。境内には真田幸村戦死跡の碑と像⑩があり、NHKの大河ドラマ『真田丸』が放映されて以降は訪れる人が絶えない。

真田信繁（幸村）の最期には諸説あるが、大坂夏の陣の開戦後、負傷あるいは戦いに疲れて境内で休息していた信繁と従者3名を、越前福井藩主で松平忠直の鉄砲頭・西尾仁左衛門が討ち取ったといわれている。その数時間前、

⑪安居神社の前には逢坂の石碑が建つ。明治後期に市電を通すために道が拡幅された。

⑨安居神社の崖下に「かんしずめの井（安井の清水）」がある。癇の虫がおさまるところからその名がつけられた。

真田隊は近くの茶臼山に朱色で統一した赤構えで陣を取り、まるでツツジの花が咲いたようであったと伝えられている。

安居神社の境内を抜けて目の前に現れた道路が**逢坂**⑪である。「相坂」や「合坂」とも表記された逢坂は、現在では5車線もある大きな道路だ。四天王寺の西門に通じる道であること、一心寺があることから昔から人の往来が絶えなかった。

道路を渡るために松屋町筋にある**歩道橋**⑫を通って渡ってほしい。逢坂の道路に向かって、左手（北側）には今まで歩いてきた天王寺七坂がある緑のグリーンベルトが見え、右手（南側）には一心寺の崖とその奥にはあべのハルカスが、さらに後ろを振り向くと通天閣が見える。この場所は、文楽や歌舞伎の演目『摂州合邦辻《せっしゅうがっぽうがつじ》』のゆかりの地として有名で、南西角には芝居の舞台となる閻魔堂がある。

天王寺七坂を巡ってきたが、天王寺七名水で紹介していない亀井と逢坂について触れておく。「亀井水」は四天王寺の亀井堂の下に流れる霊水のことで、亀形石造物が飛鳥の酒船石遺跡から出土した亀形石造物と同じ7世紀に造られ、構造やサイズも同じだったことが最近分かり話題になった。また「逢坂清水」は、道路拡張時に取り払われて、四天王寺境内に井戸の遺構⑬が移されている。

七坂と七名水は、天王寺地域の地形と密接にかかわる散策ポイントである。それらをまわりながら水が豊かだったころを想像してみてはいかがだろうか。

⑫歩道橋から見た逢坂。かつては道幅も狭く急坂だったという。

⑬逢坂の途中に逢坂清水があったが、道路の拡幅工事の際に四天王寺境内に移された。

14

SHITENNOJI

上町台地に眠る歴史の謎。四天王寺

POINT　上町台地に西端に位置する茶臼山と河底池から東側に続く窪地は、上町台地の中でも謎が多くミステリアスなエリアでもある。

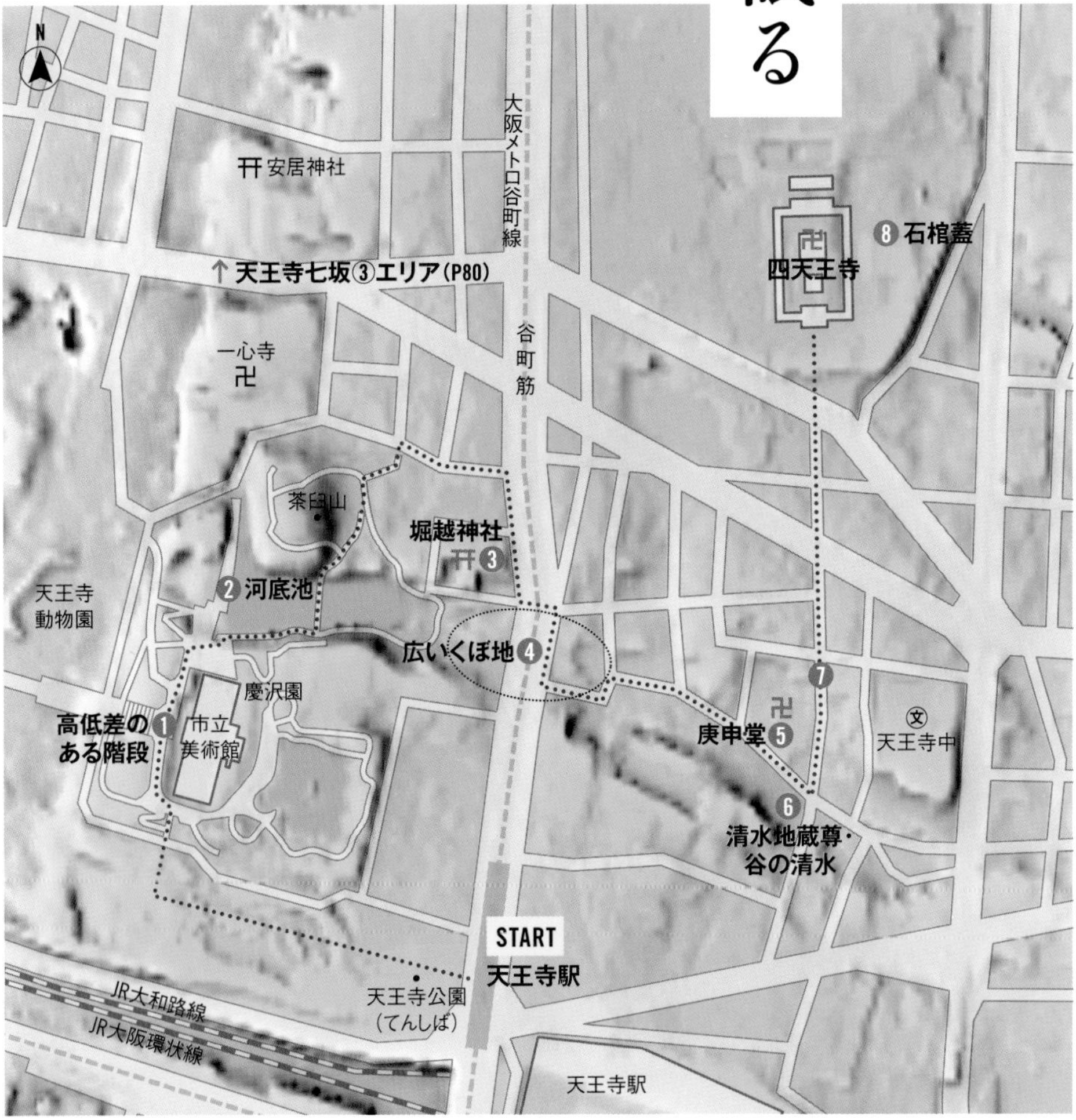

❶上町台地の高低差が実感できる大阪市立美術館からの眺め。

天王寺公園はずいぶん様変わりをした。園内の中央には広い芝生広場ができ、子どもたちが駆け回り、その周りの飲食店などもにぎわっていた。エントランスエリアが「てんしば」という名でリニューアルオープンしたのは２０１５年の秋で、外周を柵で囲み入場料が必要だった頃が嘘のようである。広い空にはあべのハルカスがそびえ立ち、一昔前の天王寺をよく知っているだけに、その変貌ぶりには驚かされる。

てんしばを通り過ぎ、大阪市立美術館の方へ向かうことにする。美術館の前には**高低差約10メートルの階段**❶があり、下は天王寺動物園、その向こうには通天閣が見える。ここは上町台地西側の崖で、天王寺七坂がある崖線の延長線上、この崖線を南下すると住吉大社の反り橋にたどり着く。縄文時代はここが海岸線だったのだ。ここからの風景は、大阪らしさと高低差が相まって素敵な景観になっている。私が大阪で最も好きな場所の一つでもある。

美術館の北側には茶臼山《ちゃうすやま》と**河底池**《かわぞこいけ》❷がある。茶臼山は茶臼山古墳とも言われているが、近年の発掘調査で古墳時

❸境内の南沿いに堀があり、その堀を越えて参詣したのが堀越の由来とされる。

❷河底池と左が茶臼山、右は上町台地で、池の延長線上に開削された跡と思われるくぼ地が続いている。

代の遺構や遺物がまったく出土しなかったことから、古墳ではないのではないかとも言われている。また、大坂冬の陣では徳川家康が、夏の陣では真田信繁（幸村）が陣を構えた場所としても有名だ。

茶臼山と河底池の高低差を感じながら園外に出ると、右手に堀越神社の森が見える。**堀越神社**❸はその名の通り、堀を越えて参詣したことから付いた名だという。堀は埋められてしまったが、神社南側の地形が谷町筋にかけて**広範囲にくぼんでいる**❹のがわかる。そのくぼ地は、西の延長線上は先ほどの河底池で、上町台地を横断するように東側にも続いている。

実はこのくぼ地は、8世紀後半に摂津大夫・和気《わけ》朝臣《あそん》清麻呂《きよまろ》によって行われた開削跡だと言われている。『続日本紀《しょくにほんぎ》』には、延暦7年（788）に河内・摂津両国の境に川を掘り、堤を築くために23万人を動員したことが記されている。これは大雨が降るごとに洪水に悩まされていた河内平野の悪水問題を、一気に解決することができる壮大な国家事業でもあった。しかし工事は完成することはなく終わっている。この時代に上町台地を開削し東西に川を通すには、技術的な問題があったのかもしれない。

その開削跡を歩いていくと、両側の土地が少し高く谷筋を歩いていることが実感できるだろう。道なりに進んでいくと左手に**庚申堂《こうしんどう》**❺が、その斜め向かいに地蔵尊と井戸が現れる。**清水地蔵尊と谷の清水**❻と呼ばれる井戸は、『摂津名所図会』にも記されるほど有名で、今はポンプで地下水をくみ上げ、井戸からはいつも水が流れている。

そこから北に向かって緩やかな坂道が続く。しばらく進むと正面に四天王寺の南大門と五重塔が見えてくる❼だろう。この道は南大門の真正面に続き、仁王門・五重塔・金

❹谷町筋に残る大きなくぼみ。

❺庚申堂の山門は谷地に面して建てられている。

❼庚申堂から緩やかな坂道を北上すると四天王寺伽藍の正面が現れる。

堂・六時堂などが一直線に連なる伽藍の延長線にある。

四天王寺は、1400年以上前に建立されたこともあり謎が多い。宝物館前には2020年初頭まで**長持形石棺蓋**❽が置かれていた。「荒陵《あらはか》」から出土したものと伝わり、茶臼山がその荒陵だと考えられていたが、四天王寺の山号が荒陵山で、周辺から埴輪の破片が出土したことなどから、大型の荒陵(古墳)を壊して四天王寺を建立したという説もある。

また、亀井堂にある亀形石造物は、奈良県明日香村で出土した亀形石造物と同じ7世紀に造られ、水槽から亀形の水槽に水が流れる構造やサイズが同じだったことが2019年にわかった。上町台地の歴史は、まだほんの少ししかわかっていない。古層にはまだ発見されていないアッと驚く遺跡が眠っているのかもしれない。

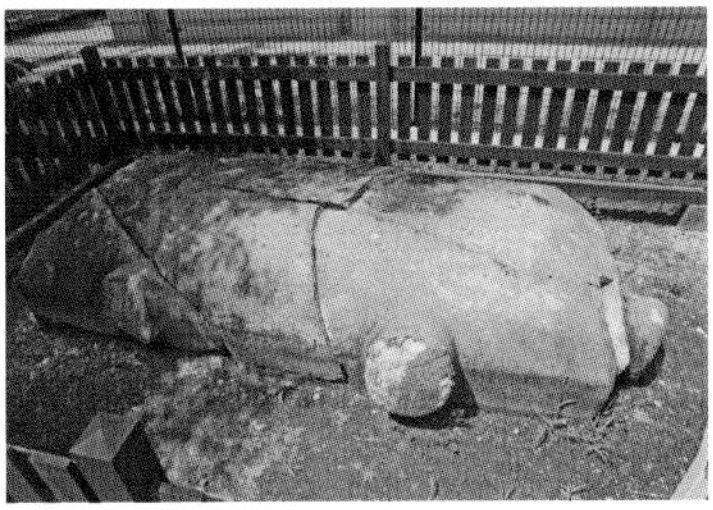

❽四天王寺境内に保存されていた長持形石棺の蓋。大きさから全長200mクラスの墳丘墓から取り出したものだと推測できる。

❻谷の清水と言われる清水の井戸。名水として江戸時代から有名であった。

15 ABENO

谷筋に延びる七つの坂。
阿倍野

POINT　上町台地の中では、自然の谷地形がよく残っているエリア。歴史があり、地形の起伏を楽しめるだけでなくどこか懐かしい町並みも残っている。

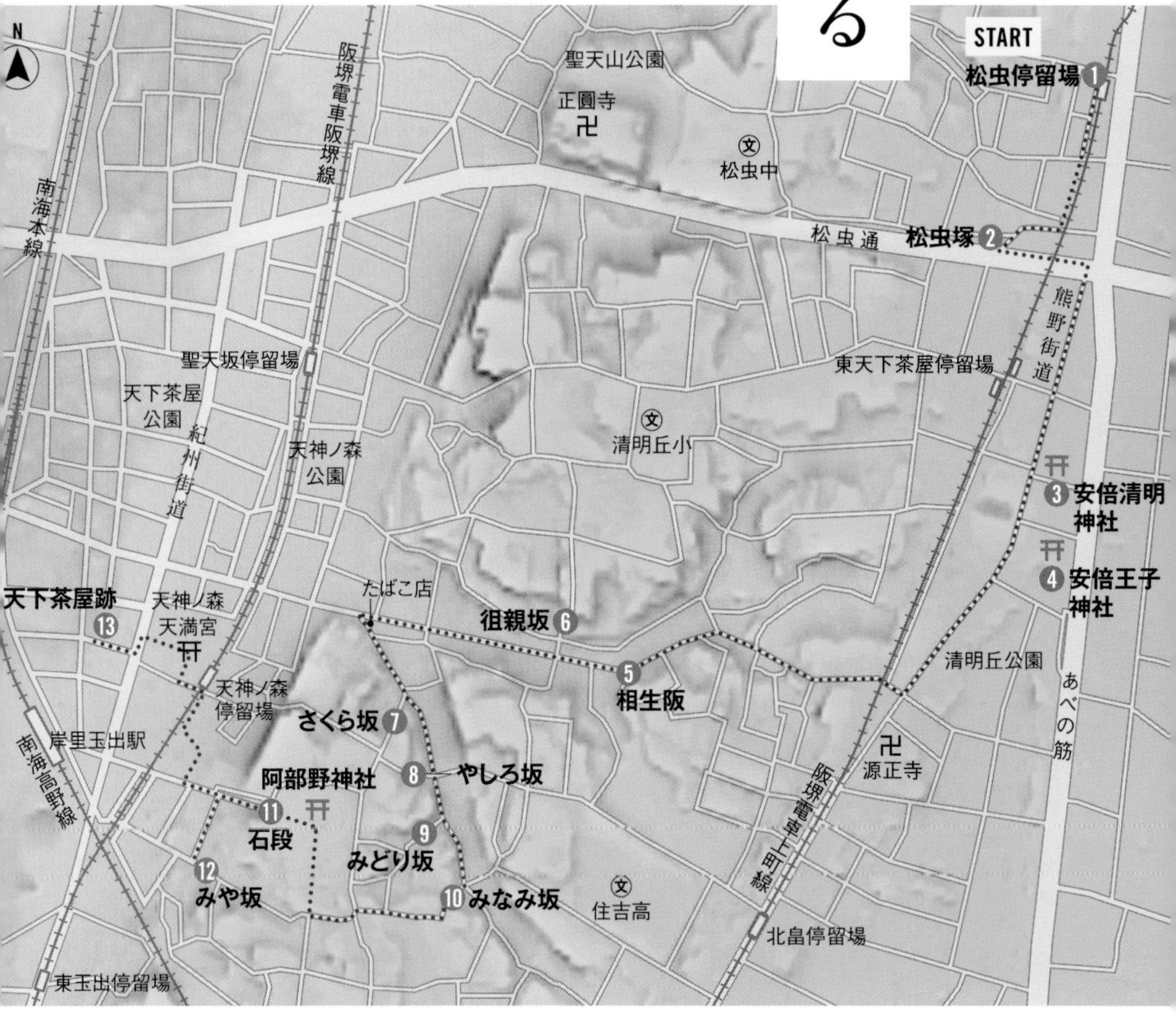

❶あべのハルカスとレトロなチンチン電車とのコントラストが素敵だ。

あべのハルカスの足元には、懐かしいチンチン電車が走っている。今回は阪堺電車に乗って阿倍野の高低差をたどろうと思う。天王寺駅前停留場から乗ってみたが、あっという間に**松虫停留場**❶に到着した。レトロで簡素な駅から線路沿いを歩き、大通りに面した**松虫塚**❷に立ち寄ることにする。

松虫は鈴虫の古名で、この辺りは松虫の名所だったようだ。松虫塚には古い石碑と樹齢８００年と言われる巨樹があったが、２０１９年10月の台風被害により大木は倒れてしまった。昔からランドマークとして存在していた土地であり、この地で詠まれた和歌もたくさん残っている。

松虫の交差点から斜めに通る細い道は熊野街道で、この辺りから旧阿倍野村になる。阿倍野の地名の由来は、古代豪族・阿部氏がこの地域一帯を拠点としていたからだと言われている。

阿部氏というと奈良県桜井市にある安倍文珠院を思い起こす方もいるかもしれないが、孝徳天皇が飛鳥から難波宮へ遷都する際、新政権の左大臣に任

❸安倍晴明の知名度もあり、お参りする人は多い。

❷枝ぶりが立派だったかつての松虫塚の巨樹。記録としてここに残しておきたい。

命したのが阿倍内麻呂で、難波にも影響力を持っていたのかもしれない。

街道をしばらく進むと左手に**安倍晴明神社**❸が現れ、鳥居の横には、安倍晴明誕生伝承地の碑があった。安倍晴明は平安時代の京都で陰陽師として名を馳せた人物であるが、生誕地が阿倍野で、晴明没後の寛弘4年（1007）に創建された神社だという。

さらに進むと**阿倍王子神社**❹がある。中世に盛んだった熊野詣の途中に休憩と遥拝のために設けられた熊野九十九《つくも》王子《おうじ》の一つで、大阪府下に残る唯一の王子社だ。元は阿部氏の氏神社だったようである。

さて、街道を途中で右折して西へ向かおう。阪堺電車上町線の踏切を越え、緩やかな下り坂をしばらく歩くと、左手に**相生阪**《あいおいざか》❺と書かれた大きな石碑が目に飛び込んでくる。「坂」ではなく「阪」と刻まれた石碑の向こうは、カーブした坂道と擁壁が続いている。そこから元の道を進み、右手の高台へ続く坂道には、地面に埋もれて「徂親」だけが読める石碑があった。**徂親坂**《あいしんざか》❻だ。

今まで歩いてきた道は相生通といい、谷地形を利用してつくられた道である。明治時代までは水田が広がっていたが、緩やかな起伏を利用して高台の熊野街道と低地を通る紀州街道を結んだのだ。二つの街道が相会する通りなので相生通となり、現在は地名にもなっている。

さらに進むと三叉路の角にたばこ屋があり、それを左折してもう一つの谷筋に入っていくことにする。右側に高低差を感じながら進んでいくと、坂道の左隅に**さくら坂**❼と刻まれた石柱を見つけた。坂道は阿部野神社へと繋がっていくようだ。

そのまま谷筋を進むと、今度は**やしろ坂**❽と刻まれた石柱があった。さらに進むとみ

❹「もと熊野街道」の石碑が印象深いが、かつては熊野詣の人が絶え間なく訪れたのだろう。

❺「阪」の字を使った理由を知りたい「相生阪」。

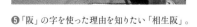

❼さくら坂は墨が入っているので読みやすい。

❽やしろ坂の石碑は、住宅地の造成によって元の場所から少し移動した。

❻坂の文字を見たことはないが「徂親」坂なのだろう。

⓫阿部野神社西側の石段。かつては、高台の上からは海が見渡せたのだろう。

❿みなみ坂は二つ目の「み」を変体仮名の「み」を使っている。

❾みどり坂の「り」は変体仮名で近年に設置された。

どり坂⑨、**みなみ坂**⑩の石柱を見つけることができる。このエリアには坂道が多いが、主な坂道には石柱が置かれ、いつしか阿倍野七坂と呼ばれるようになったのだ。みなみ坂を進むと阿部野神社にたどり着く。

阿部野神社が鎮座する土地は、南北朝時代に北畠顕家《きたばたけあきいえ》が足利尊氏軍と戦った古戦場跡と言われ、主祭神として北畠親房と北畠顕家が祀られている。西側には高低差約7メートルの**石段**⑪があるが、この崖は縄文時代の海食崖だと思われ、先ほど歩いてきた谷地形も、海の浸食によって削られた地形なのだろう。

ところで、坂の石碑を6つたどってきたが阿倍野七坂には一つ足りない。最後のひとつは、阿倍野神社西側の石段を下りて、最初の筋を左に進んだ突き当りの角にある。**みや坂**⑫と刻まれた石碑の横に続く道は、とても緩やかで阿倍野神社の参道とつながる。

さて、来た道を戻り、細い道を道なりに進むと天神ノ森停留場と天神ノ森天満宮の森が現れる。境内は鬱蒼とした鎮守の森で、参道を抜けた道路の向かいに石碑を見つけ、それを覗くと天下茶屋跡と刻まれていた。

前の道路は紀州街道で、大坂城と住吉大社や堺を結び、森の向かいにできた茶屋で豊臣秀吉も茶の湯を楽しんだようだ。屋敷内の井戸水で点てた茶の味に秀吉も感激したと伝わり、そこから関白殿下の「殿下茶屋」、天下人の「天下茶屋」などの名が知られるようになったのだ。この場所には、約1500坪もの広大な屋敷が戦災で焼けるまで残っていたという。道路から少し離れた所に一本の楠と土蔵⑬が残っているが、天下茶屋の屋敷にあったものが保存されているという。天下茶屋の水も上町台地の恩恵の一つなのだろう

⑫阿部野神社の参道とつながることから「みや坂」となったのだろう。

⑬広大な屋敷には大きな池があり、周辺からも水が湧いていたのかもしれない。

16

SUMIYOSHI TAISHA

古代の港の記憶をたどって。住吉大社

POINT 地形図を見てもわかるように、今も位置がはっきりとしていない住吉津がどの辺りにあったかを想像しながら、わずかな地形の変化をたどってみたい。

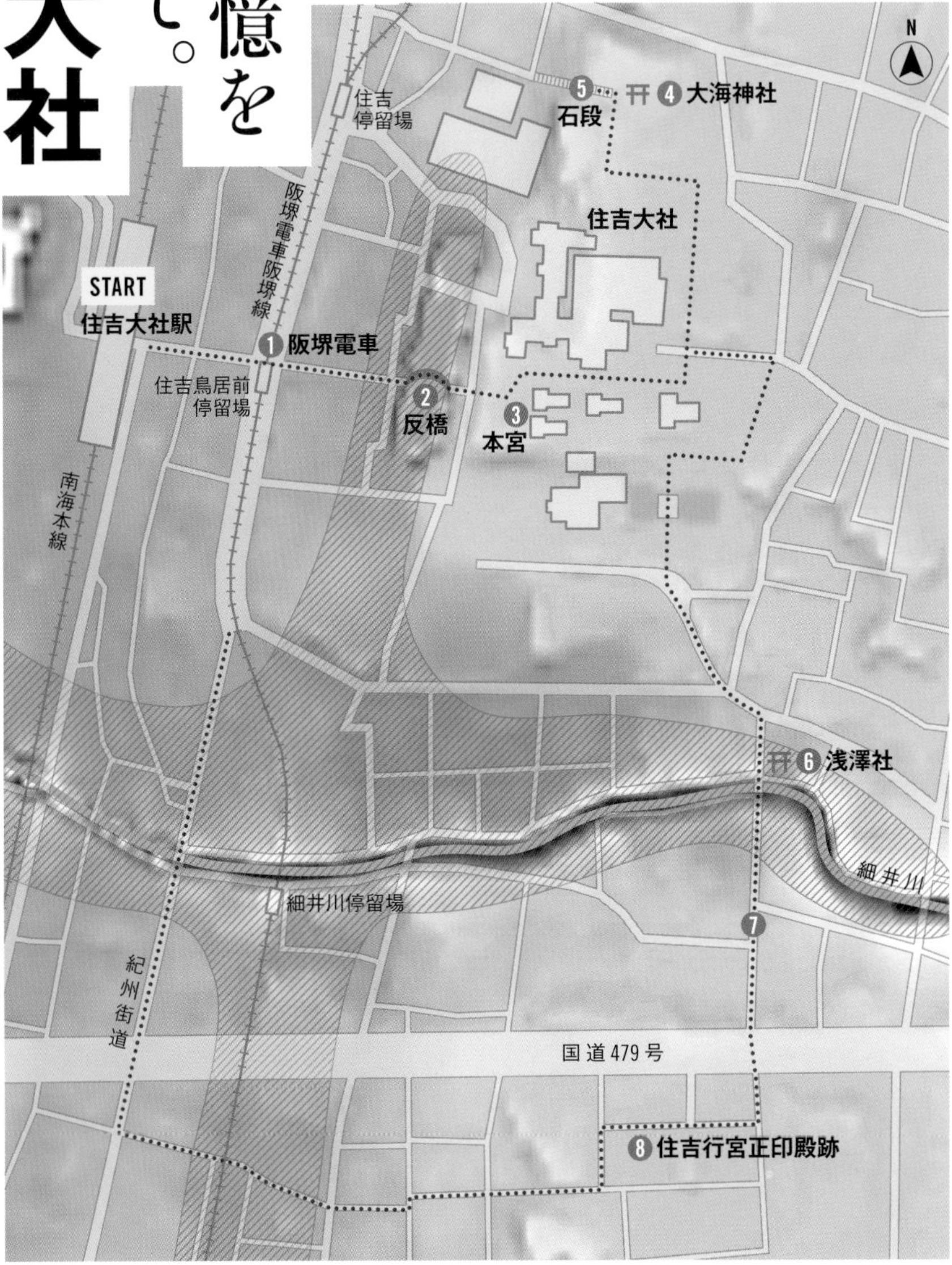

古代の推定海水域

南海本線住吉大社駅を下りると、道路の両脇にずらりと並んだ石燈籠が出迎えてくれる。まずは住吉大社にお参りしてから、住吉津があった場所を想像しながら地形散歩をしたいと思う。

参道を進むと、正面奥に住吉大社の大鳥居が見え、目の前の紀州街道を**阪堺電車**❶がチンチンと鐘を鳴らしながら走り去っていく。まるで昔の町に迷い込んでしまったような錯覚に陥る。

❷太鼓橋とも呼ばれる反橋下の池は、古代には海とつながっていたといわれる。

鳥居の先には有名な**反橋**《そりばし》❷が見えるが、注目したいのはその下にある池だ。この池は7世紀後半から8世紀後半頃、『古事記』や『日本書紀』が編纂され、『万葉集』に収録された和歌が詠まれた頃に存在したラグーン（潟湖）の痕跡だと言われている。

当時は本宮が標高6～7メートルの上町台地に鎮座し、西方には南北に延びる幅約50～60メートルの細長いラグーンと、さらに海側には松林が広がる砂州の砂浜があり、その向こうに「茅《ち》渟海《ぬのうみ》」と呼ばれた大阪湾が広がっていた。今よりも海岸線が4キロ程度手前

❸第三本宮と第四本宮は横に並び、第三本宮、第二本宮、第一本宮は一直線に並びいずれも西の海に向かって建つ。

❶「チン電」の名で親しまれる阪堺電車は、住吉大社の前がよく似合う。

にあったのだ。
南方には細井川が流れ、西方の砂州を切って海とラグーンはつながり、砂州のおかげで波が穏やかな天然の良港が存在したと考えられている。住吉津の場所はいまだ不明だが、住吉大社の門前付近と考えられており、遣隋使船や遣唐使船が住吉津から出航していることから鑑みると、大型船が停泊できるほどの水深があったのだろう。

さて、反橋を渡り石段を上ると**本宮**❸が現れる。第三本宮と第四本宮が並列に、第三本宮、第二本宮、第一本宮は直列に配置され、すべての本宮は西の海に向かう。第一本宮から第三本宮には、住吉三神である底筒男命《そこつつのおのみこと》・中筒男命《なかつつのおのみこと》・表筒男命《うわつつのおのみこと》が、第四本宮には神功皇后が祭られているのだ。

本宮域の北側には、同じように海に向かって**大海《だいかい》神社**❹が鎮座する。大海神社は住吉大社の歴代宮司であった津守氏の氏神と言われ、摂社の中で最も格式が高く、標高は本宮周辺よりわずかに高い7〜8メートルにある。

その西方には**石段**❺があり、両側の斜面には鎮守の森がよく残されている。この斜面は上町台地の西端に位置する縄文時代の海食崖で、ここから生国魂神社が鎮座する天王寺周辺まで標高が徐々に高くなっていく。逆に言えば、上町台地の西崖は住吉津の辺りでなくなるのだ。

南東角の鳥居をくぐり境外へ出ると、すぐに巨大な石燈籠が目に留まり、玉垣に囲まれた池に浮かぶ**浅澤社《あさざわしゃ》**❻が現れる。この辺りは清水が湧く大きな池に杜若《かきつばた》が咲き乱れる名勝地であったという。

細井川に架かる橋を渡ると、向こうの道路まで土地が低くなっている❼ことに気づく

❹社殿は住吉大社と同じ「住吉造」で海の神を祀っている。

❻浅澤社のまわりは低湿地帯が広がっていた頃の痕跡としての池が残る。

❺社殿前の高低差は上町台地の西崖で、周りには鎮守の森が残る。

が、池や低い土地はラグーンの痕跡なのだろうか。この辺りの地名が「墨《すみ》江《のえ》」として残るのも住吉津《すみのえのつ》と関連づけることができるかもしれない。

大通りを越えて、1筋目を右折すると**住吉行宮《あんぐう》正印殿《しょういんでん》跡**❽が現れる。南北朝時代に南朝の行宮が津守氏の邸宅内にあったといい、標高は住吉大社とほぼ同じ6〜7メートル、三方が低くなった高台で、帆を張った船が行き来する住吉津を見渡せる特別な場所であったのだろう。

そこから西の紀州街道に向かい、北上して細井川を越えた辺りに長峡町という地名がある。『日本書紀』に住吉大社付近を「渟中倉《ぬなくら》の長峡《ながお》」と記し、「水の淀んだ狭い谷あい」と読み解くことができることから、長峡をラグーンと捉えることもできるだろう。

住吉津はいつしか港の機能を失い、歴史上から姿を消すことになるが、周辺を歩くと随所にラグーンの痕跡らしきものを見つけることができる。万葉の時代をイメージしながら、住吉大社周辺を散策するのはいかがだろうか。

❽住吉行宮は、地形図を見ると岬の高台のような場所にあったことがうかがえる。

❼長居公園通から浅澤社方面を見ると土地が低く、古代ラグーンがこの辺りまで続いていたのかもしれない。

17

HIRANO

平野

環濠都市の面影のこる街。

POINT 江戸時代には周りを堀と土塁で囲み、13ヵ所に木戸を設けていた。今も13ヵ所には地蔵尊があり土塁の痕跡も残っている。

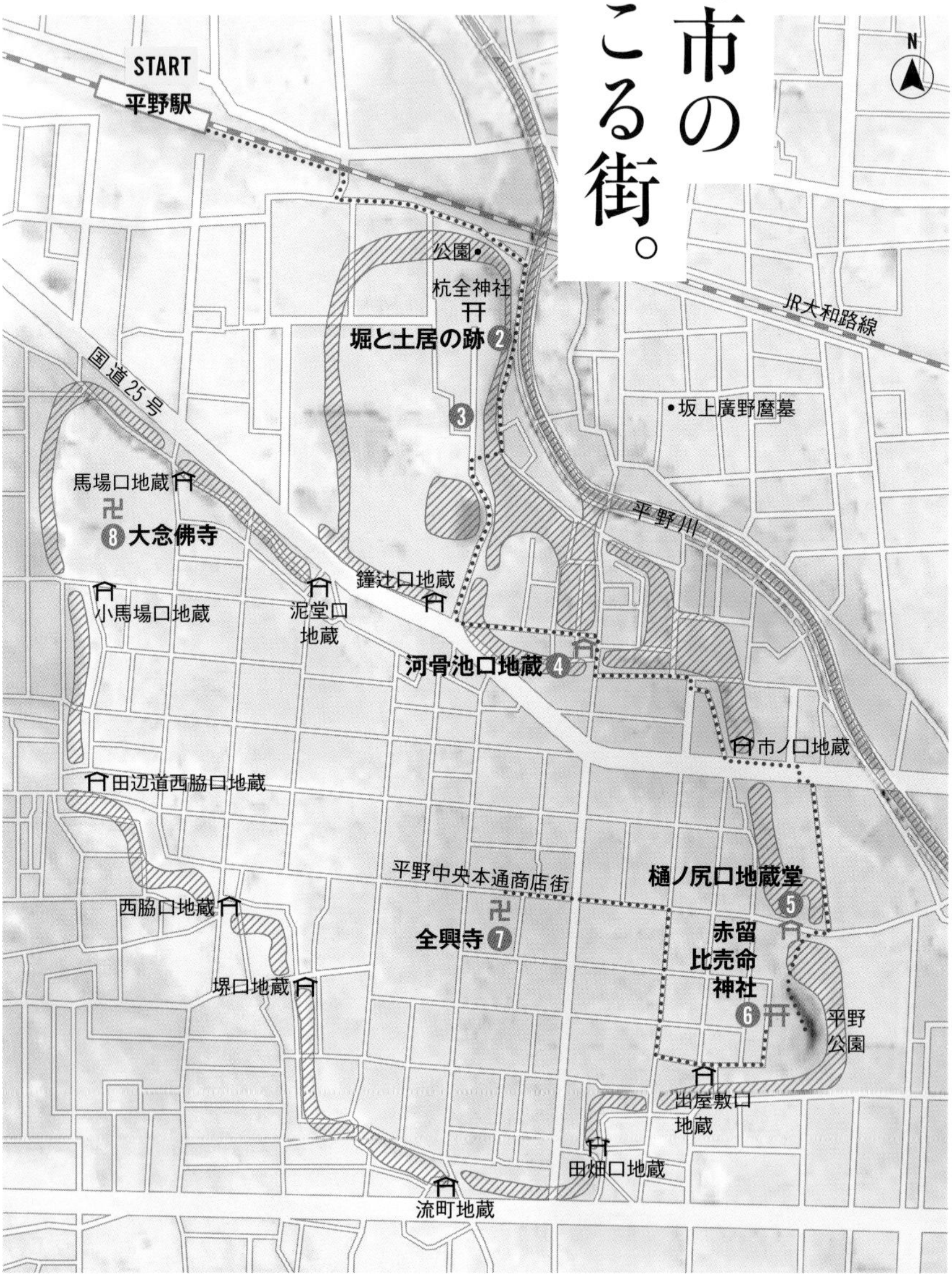

かつて濠があった場所

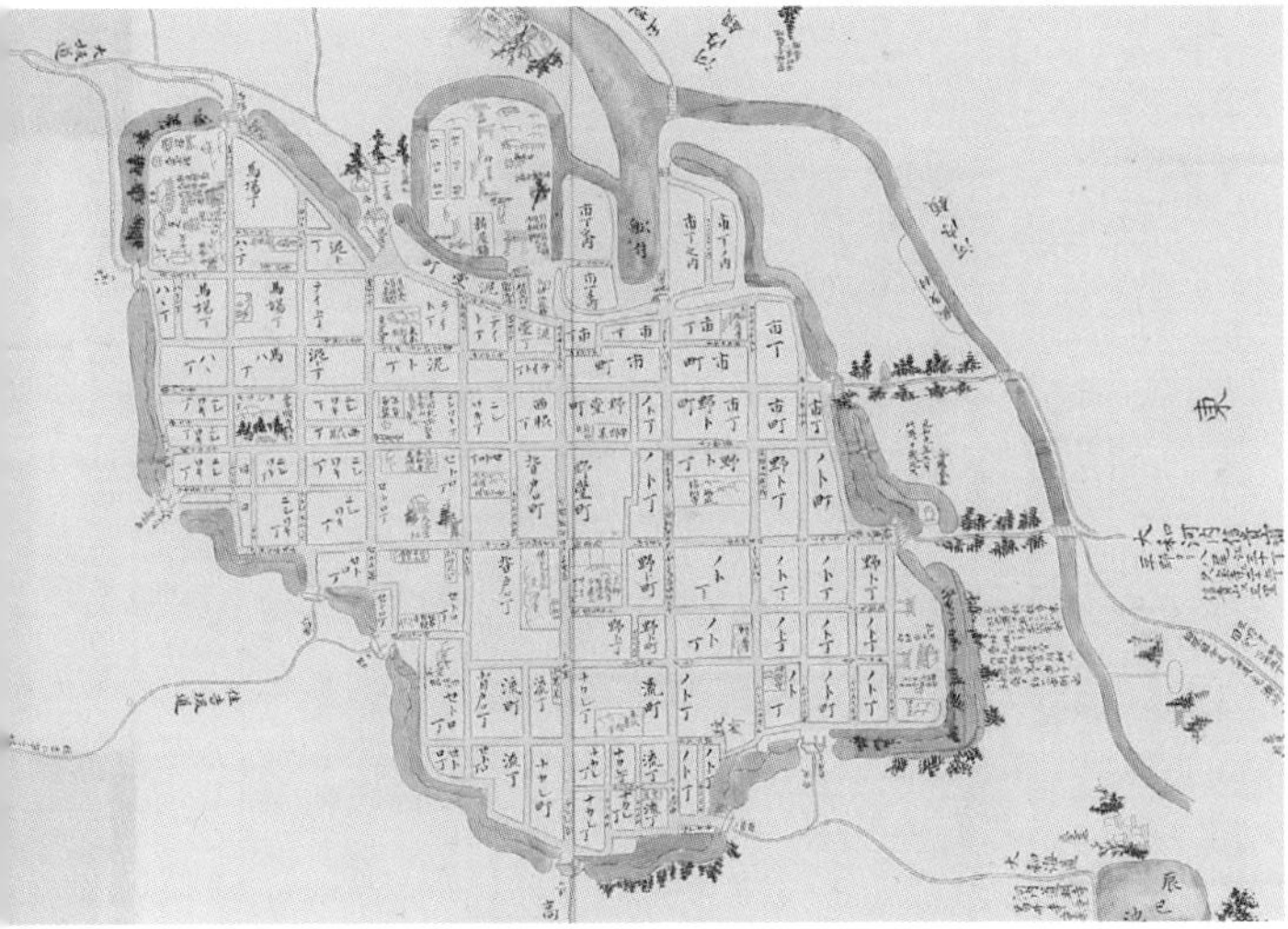

❶堀と土塁で囲まれていたことがよくわかる「摂州平野郷図」。
所蔵／聖心女子大学図書館

戦国時代末期、キリスト教の布教活動を行っていたイエズス会宣教師ルイス・フロイスが母国に送った書簡に、「城の如く竹を以て囲ひたる美しき村あり。名を平野と言ふ」と記している。平野の歴史は古く、新羅《しらぎ》系の渡来氏族の人々が自然堤防を最初に開発し、その後、百済系の人々が居住した痕跡も残っている。

平安時代に入り、坂上田村麿《さかのうえたむらまろ》の子・廣野麿が朝廷から杭全庄《くまた》を賜り、中世以降は各地との交易で財を成した平野商人が活躍。豊臣秀吉はそこに目を付け、大坂城の城下町をつくる際、平野から多くの商人を移住させている。ちなみに、平野の名は廣野麿の「ヒロノ」がなまったものといわれている。

戦国時代の平野郷❶は環濠自治都市として繁栄していた。外敵の侵入を防ぐために集落の周りを堀と土居で囲み、放射状に街道などと繋がる13ヶ所の木戸口には、門と地蔵堂を設置。夜はその門を閉ざして不審者の侵入を防いでいたという。

冒頭のフロイスの書簡は、土居を覆っていた竹藪と水堀で囲われてい

❷杭全神社の境内は環濠跡の痕跡が随所に残っている。

❸樹齢850年のクスノキの枝ぶりは見事というほかない。

た情景を「美しき村」と書き残したのだろう。現在の平野にも、かつての環濠都市を偲ばせる痕跡がわずかに残っている。それらを探しながら地形散歩を楽しみたい。

JR平野駅を下車し、線路沿いを進むと緑の覆われた公園が見えてくる。公園の中に入っていくと柵で囲われた水路が現れるが、それがかつて平野郷の周囲を囲んでいた**濠の跡**❷である。水路の向かい側に見える盛り土が土居跡で、後ろを振り向くと背後には平野川が流れており、堀と川に挟まれた堤跡を歩いていることに気づく。

少し歩くと、平野郷の守護神で平安時代初めに創建されたと伝わる杭全神社の参道が現れ、巨大なクスノキ❸が出迎えてくれるだろう。樹齢850年とも言われる巨樹で、大阪府の天然記念物だ。

参道の両側には昭和40年頃までは大きな池があった。近くには明治時代まで、平野川を運航していた「柏原船」が集まる船入が存在し、周辺は市の浜と呼ばれて、問屋や宿屋などが建ち並ぶ水運交通の玄関口であったのだ。

境内を背にして、国道25号線に面した大鳥居を出て東へ進んでいくと、食堂の建物に取り込まれた地蔵尊が現れる。平野郷には惣門といわれる13ケ所の出入口があり、そこには地蔵尊が置かれていた。この地蔵尊は**河骨池口《こおのいけぐち》地蔵**❹といい、平野郷十三口の一つである。河骨池とは船入であった池の名前だ。国道25号線沿いにも市ノ口地蔵があるが、久宝寺や八尾、信貴山へ通じる市ノ口門には大門があり、近くにあった地蔵堂を移設したものだという。

横断歩道を渡り、しばらく進むと平野公園が現れ、交番の左右には平野郷樋ノ尻口門跡の碑と**樋ノ尻口《ひのしりぐち》地蔵**❺がある。大坂夏の陣で、この場所を徳川家康が通過し休憩する

❹民家と一体化している河骨池口地蔵。

❺樋尻口地蔵は奈良街道や久宝寺、八尾とつながる道の木戸に置かれた。

❻赤留比売命神社本殿の裏は小高い土居跡で反対側には池があった。

ことを予測した真田信繁（幸村）が地雷を仕掛け、家康が座を外した時に爆発し命拾いをしたという伝説が残っており、全興寺《せんこうじ》にはその時に吹き飛んだ地蔵の首が祀られている。

公園内には赤留比売命《あかるひめのみこと》神社がある。この地域を最初に開発した渡来氏族の氏神で、平安時代に編纂された延喜式神名帳に記載される古社だ。社殿背後の高台は土居の痕跡❻で、杭全神社に残る土居より規模が大きく、上に立つとその高さを実感できるだろう。

公園には昭和40年頃まで堀跡でもあった大きな池があり、手漕ぎボートでにぎわう市民の憩いの場になっていた。土塁の上から公園を見渡すとその時の情景が見えるようだ。

平野の魅力は環濠都市の痕跡が点在していることの他に、閻魔大王の裁きを体験できる地獄堂などがある**全興寺**❼や、府下最大の木造建築である**大念佛寺**❽の本堂など数多くある。観光地としても魅力あふれる町なのである。

❼全興寺にある地獄堂は楽しく教えを学べる場所でもある。

❽万部おねりは、大念佛寺で最大の伝統行事であり、二十五体の菩薩のおねりが行われる。

堀の町
御神燈
堀の町
御神燈
堀の町
御神燈
堀の町
7－9
通学路

泉州

この場所は、貝塚寺内町を形成している段丘面と低地をつなぐ坂道だ（P119）。

海岸沿いには紀州街道が通り、和歌山と大坂を結んでいた。

江戸時代には、紀州街道が岸和田城下町と貝塚の旧寺内町を縦貫していたことで紀州藩や岸和田藩の参勤交代路として整備され賑わったエリアである。

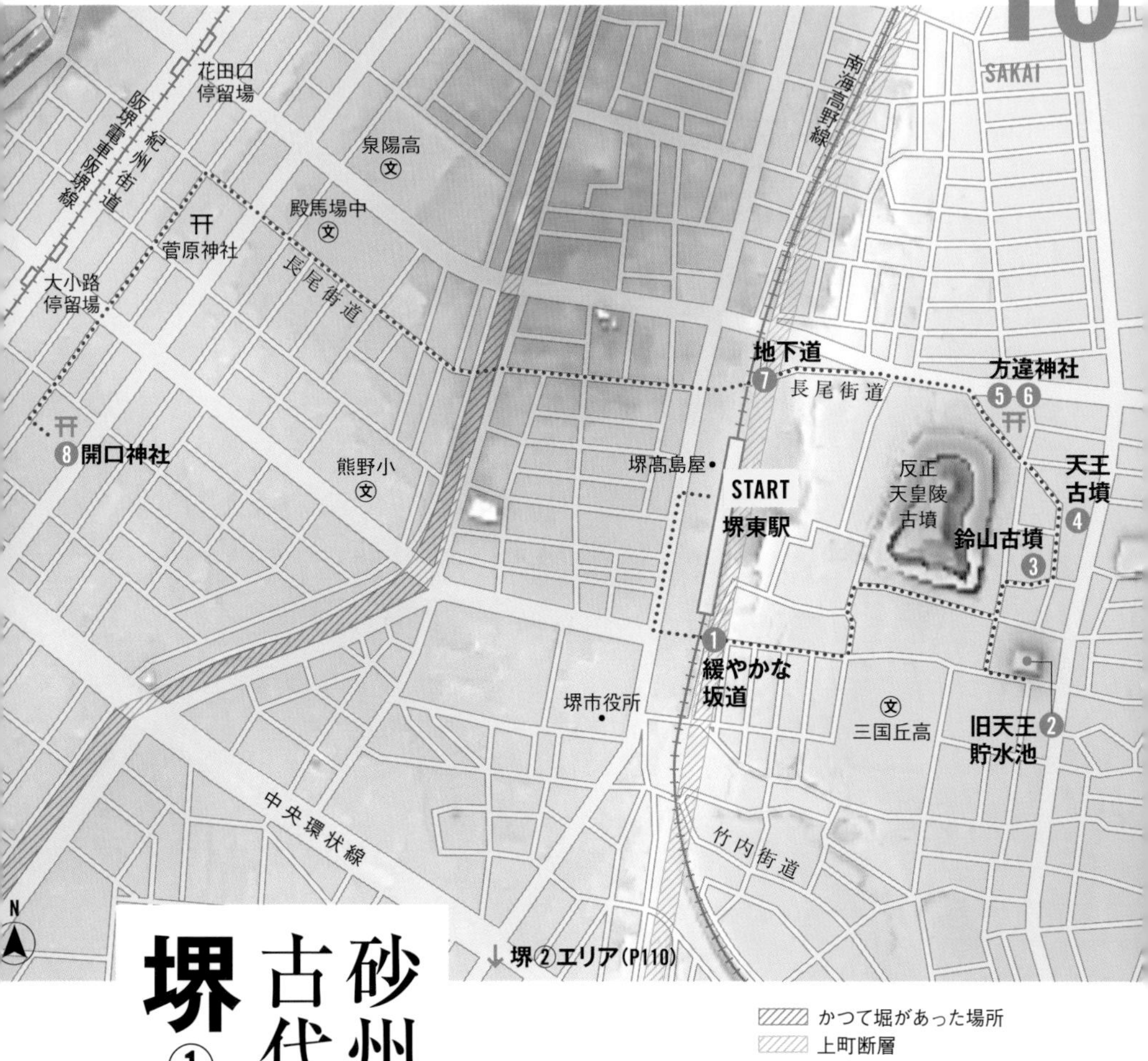

↓堺②エリア（P110）

砂州がつくった古代の港。

堺①

POINT　古代の街道である丹比道（竹内街道）と大津道（長尾街道）がたどり着く西端に位置し、堺の町ができる前に古代の港があったと考えられている場所。

南海高野線堺東駅を下車し、駅の南側にある踏切を越えて東方面に向かおうと思う。踏切の向こうは**緩やかな坂道**❶で、そこからが我孫子台地になる。この境目の高低差は上町断層の撓曲《とうきょく》で、地中で断層がずれてその上にある地層が地表部分でたわんで盛り上がったと考えられる。

緩やかな坂道を進み、大阪府立三国丘高校の北西角を左折し、道なりに進むと緑の森が現れる。反正《はんぜい》天皇陵古墳の外側にある外堤の森だ。少し進むと拝所があり、正面に立つと墳丘がまるで山のようである。

❷旧天王貯水池は、まるで近代の古墳のようで存在感がありカッコいい。

外堤の南東角を右折（南下）し突き当りを左折すると芝で覆われた構造物が現れる。明治43年（1910）に上水道施設として建設された**旧天王貯水池**❷である。内部には煉瓦とコンクリート造の貯水池が二つあり、登録有形文化財として保存されている。近代の幾何学構造物が古墳と隣接する面白いエリアだ。

もと来た道を戻り、二つ目の筋を右折すると小さな古墳が現れる。**鈴山古**

❸鈴山古墳。1辺が約16mの方墳で堀がめぐらされていたという。

❶踏切の向こうは緩やかな坂道が続くが、台地と低地の境目でもあり地下には断層が通る。

墳❸といい、反正天皇陵古墳の陪塚《ばいちょう》と考えられている。陪塚とは、中心となる大型古墳の埋葬者の親族や副葬品などを埋納するためのものと考えられている。すぐ近くにも陪塚である**天王古墳**❹がある。住宅地の中に取り残されたように残る古墳だが、かつては堀で囲まれ厳かな姿をしていたのだろう。

さて、正面に神社の鳥居が見えてきた。**方違《ほうちがい》神社**❺である。この辺りは、摂津国・河内国・和泉国の三国の境界に位置していることから「三国丘」とも呼ばれ、この場所は方角のない聖地であるとされている。創建は崇神《すじん》天皇8年と言われ、古代から続く神聖な場所なのだ。境内の片隅には「三國丘」の石碑があり、境界地域であることが実感できる。また、世界遺産である反正天皇陵古墳と隣接している❻ので、周濠や陵墓を観察するにはとてもいい場所でもある。

神社前の大通りは長尾街道といい、奈良と堺を結ぶ重要な街道で、古代には大津道と呼ばれていた。長尾街道を西に進んでいくと下り坂になり

❺方違神社は、何処の国にも属さない方位のない清地であるとされ、方災除の神として尊崇されている。

❻方違神社の境内から反正天皇陵古墳がよく見える。

❹天王古墳の1辺は約9mの方墳で掘がめぐっていたと推定されるという。

台地から低地へ下っていくが、古代には海がありそこに古代の港（津）があったと考えられる。その西側には未開の地である砂州が広がり、北側にはヤマト政権の外港である住吉津がありラグーンでつながっていたと考えられるのだ。ラグーンは潟湖《せきこ》ともいい、湾が砂州によって外海から隔てられ、細長く波が穏やかな内海があり、自然地形の良港であったと考えられている。

長尾街道は、南海高野線に阻まれて途中で細い**地下道**❼になるのだが、それをくぐりしばらく進むと高速道路が見えてくる。そこにたどり着くまでの直線道は標高も低く、かつてのラグーン跡であろう。高速道路の下は、中世に栄えた環濠都市堺の堀があった場所だ。四方を掘で囲んでいた堺の町は、戦後の焼け野原から復興していく際、北側と東側の堀を埋め立てたのだ。

さらに海側へ進むと左手に菅原神社が見えてくる。創建は長徳3年（997）という古社だ。そこから南西に進むと1700年の歴史を持つ**開口《あぐち》神社**❽が現れる。奈良時代には、開口水門姫《あきぐちみなとひめ》神社として神功皇后により創建されたと伝わり、港と関わりが深い神社であることがうかがえる。

砂州の上を新天地として移り住んだ先人は、その中央部にこの神社を祀った。開口神社は、港を守る役割を持ち、長尾街道や竹内街道の西端に位置する。古代の港が港の機能を失うと、砂州の西側に新しくつくられた堺港は、奈良の都とも街道でつながり、中世には国際貿易都市として繁栄の頂点を極めていくことになる。堺は時代とともに港を移動し、発展していった町なのだ。

❼線路の下を街道が通るところが面白い。

❽奈良時代に創建され最古の官道竹内街道の西端に位置する。

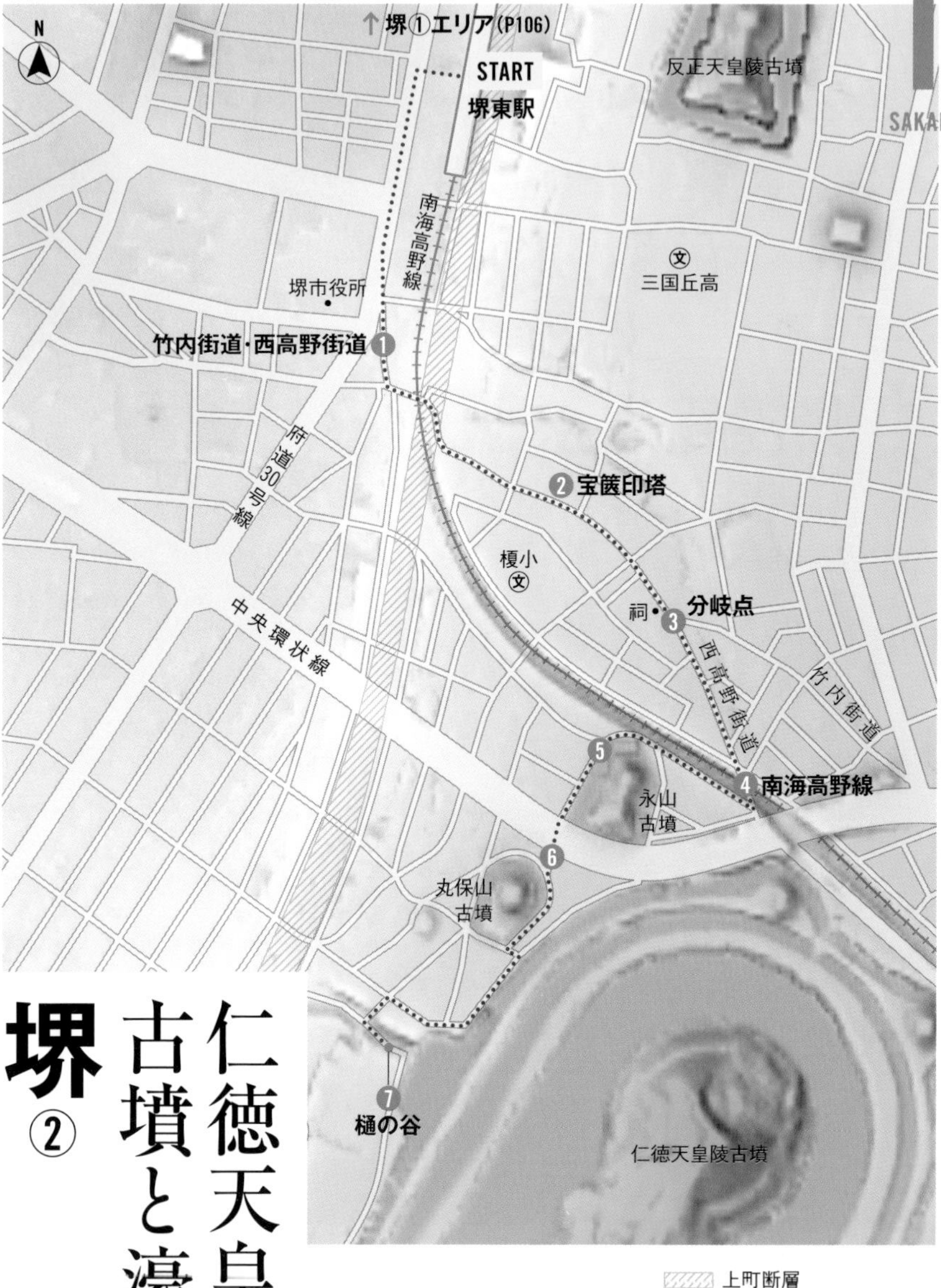

堺②
仁徳天皇陵古墳と濠の水。

上町断層

POINT　古墳が台地の西の端に並んでいるのは、海上からどのように見えるかを計算して造営されていると考えられる。低地と台地の逆さを実感して歩くといいかもしれない。

❸西高野街道（右）と竹内街道（左）の分岐点。手前の地蔵尊には古い石仏が集められている。

南海高野線堺東駅から今度は仁徳天皇陵古墳へ向かおうと思う。駅から府道30号線に沿って南下していくと、大通りから左斜めに進む細い道に出合う。**竹内街道**であり**西高野街道**❶である。竹内街道は古代より堺と大和を結ぶ古道で丹比道《たじひみち》ともいい、西高野街道は平安時代以降に高野山への参詣道として整備された街道だ。

高野線の踏切を越え、くねくねとカーブするゆるやかな坂道を進んでいくと、平坦な道が続き、しばらくすると家と家の間の奥に立派な**宝篋印塔**《ほうきょういんとう》❷が現れる。慶安元年（1648）に建立されたもので、塚のような高まりにあり、道中の無事を祈る旅人も多かっただろう。

さらに進むと、道が二股に分かれた**分岐点**❸が現れ、その手前に石仏を安置した祠と高野山女人堂までの距離を記した石柱が目に留まる。分岐点には真新しい道標と歴史の道の碑が。左が竹内街道、右が西高野街道である。西高野街道を進んでいくことにしよう。

前方に橋が見えてきた。その下は

❷家に挟まれて気づきにくいが、塚のような盛土の上に宝篋印塔が建てられている。

❶竹内街道と西高野街道が通る旧道は大通りの横を斜めに通っている。

川でなく**南海高野線**❹が通っている。この路線は、旧高野鉄道が明治31年（1898）に開通させた大小路駅《おおしょうじ》（現堺東駅）〜狭山駅間の中で最も難所であったと思われる場所。高低差約15mの土地をしかも急な角度で曲がる必要があったのだ。

さらに当時は蒸気機関車である。そこで台地を深く掘り下げ掘割にし、勾配を緩やかにしているのだ。現在は電車が難なく行き来しているが、当時は煙をもくもく吐きながら蒸気機関車が上っていた場所なのだろう。

ここで西高野街道を外れ、掘割沿いを西方面へ進む。するとすぐに永山古墳が現れる。墳丘長約100メートルの前方後円墳で、周濠の水はきれいで水生植物も多い。斜めに傾いた松の木の下には睡蓮の葉がたくさん広がっていた❺。花が咲く季節に歩くのもいいだろう。

中央環状線の向こうに丸保山古墳の森❻が見える。横断歩道を渡る際、西方を見ると道路が沈み込んでいくのが見えるが、この場所が台地のへりであることがよくわかる。丸保山古墳は帆立貝形墳といい、墳形が帆立貝の形をしている。地上からはわかりにくいが、形状を想像しながら歩くのも面白い。

さて、仁徳天皇陵古墳の西側面にやってきた。目の前に現れたのは周濠と堤で、その奥は木々にさえぎられて見えないが、さらに周濠・堤・周濠とあり、中央に墳丘がある。墳丘長約486メートル、古墳の最大長は約840メートルで、地上から全体像をつかむことができない巨大な森である。

1500年以上前に築造された頃は、墳丘全体に葺石が敷き詰められ、墳丘は3段で各段の周囲と堤の上には、約1万5000体もの埴輪が並べられていたという。海岸

❹台地を深く削った掘割。かなりの難工事だったのだろう。

❺睡蓮の葉が程よく育っていた永山古墳の周濠

❼古墳の造営時から排水の役割として利用された樋の谷。

に近い台地にあるため、大阪湾を通して明石海峡や淡路島からも太陽の光を跳ね返し、白く輝く姿がよく見えただろう。

この巨大な古墳を地形として楽しむには西側がいい。周濠に沿って歩くと堀が大きく膨らんだ場所が現れ、堀からあふれた水が水路へ流れ落ちていく場所がある。**樋の谷**❼と呼ばれるこの場所は、古墳造営時に排水を目的としてつくられた排水溝だ。

この地域の地下水脈は浅く、濠を掘る際に湧き出る水を流す溝は、工事を進めていく上で最も重要な設備の一つであったと考えられている。また、濠の水は、地下水と雨水が溜まっていると言われるが、江戸時代には灌漑《かんがい》用❽としても利用され、かつては遠く狭山池とも繋がっていたという。

現在、古墳内は柵に囲まれ、われわれの生活と切り離された空間のように感じるが、長い歴史の中で、周辺の農家にとって濠の水は、生活と密接に関係していたようだ。そう考えると、仁徳天皇陵古墳を少し身近に感じることができたように思う。

❻中央環状線の西側は下り坂でこの地が高い場所であることを実感する。

❽灌漑用樋門跡の碑が外堤にある。

高低差を活かした、かつての環濠都市。

貝塚

POINT　海側には段丘崖があり寺内町を囲むように三方には濠と土塁があった。環濠都市の痕跡がいたるところに残っているのでそれを探してみてはいかがだろうか。

貝塚という地名は「海塚」と言われていた土地に寺内町が形成され、いつしか「貝塚」の字が使われるようになったという。

貝塚寺内町は一向宗（浄土真宗）の信徒の手で建設され、周囲を濠と土塁で囲み、6ヶ所の出入口には番所を置くなど、外敵からの防御機能を高めた環濠都市❶であった。かつての環濠はなくなっているが、その痕跡を探しながら、地形視点で高低差を歩いてみたいと思う。

❷貝塚寺内町環濠跡が石積みとして唯一残る場所で、貝塚市の史跡に指定されている。

南海本線貝塚駅から線路沿いを北東方面へ歩いていくと、踏切がある大きな道路（中之町通り）が現れ、その向かい側に感田神社がある。貝塚寺内町の産土神《うぶすながみ》とされている神社で、敷地内には環濠跡の濠が今も残っている❷。社殿と社務所の間に石橋が架かり、その下に細長い池がある。池の側面には古い石積みが残っており、環濠時代の面影を見て取ることができる。

貝塚は太鼓台祭り❸が有名だが、感田神社の祭礼「貝塚宮」❹のおりに、各町からかつぎ出されるように

❹感田神社の湯神楽神事は、巫女が笹の葉で釜の湯を参拝者にふりかけ無病息災を祈願する。

❸太鼓台祭りの期間は、道路が封鎖されて町中に太鼓の音が響き渡る。

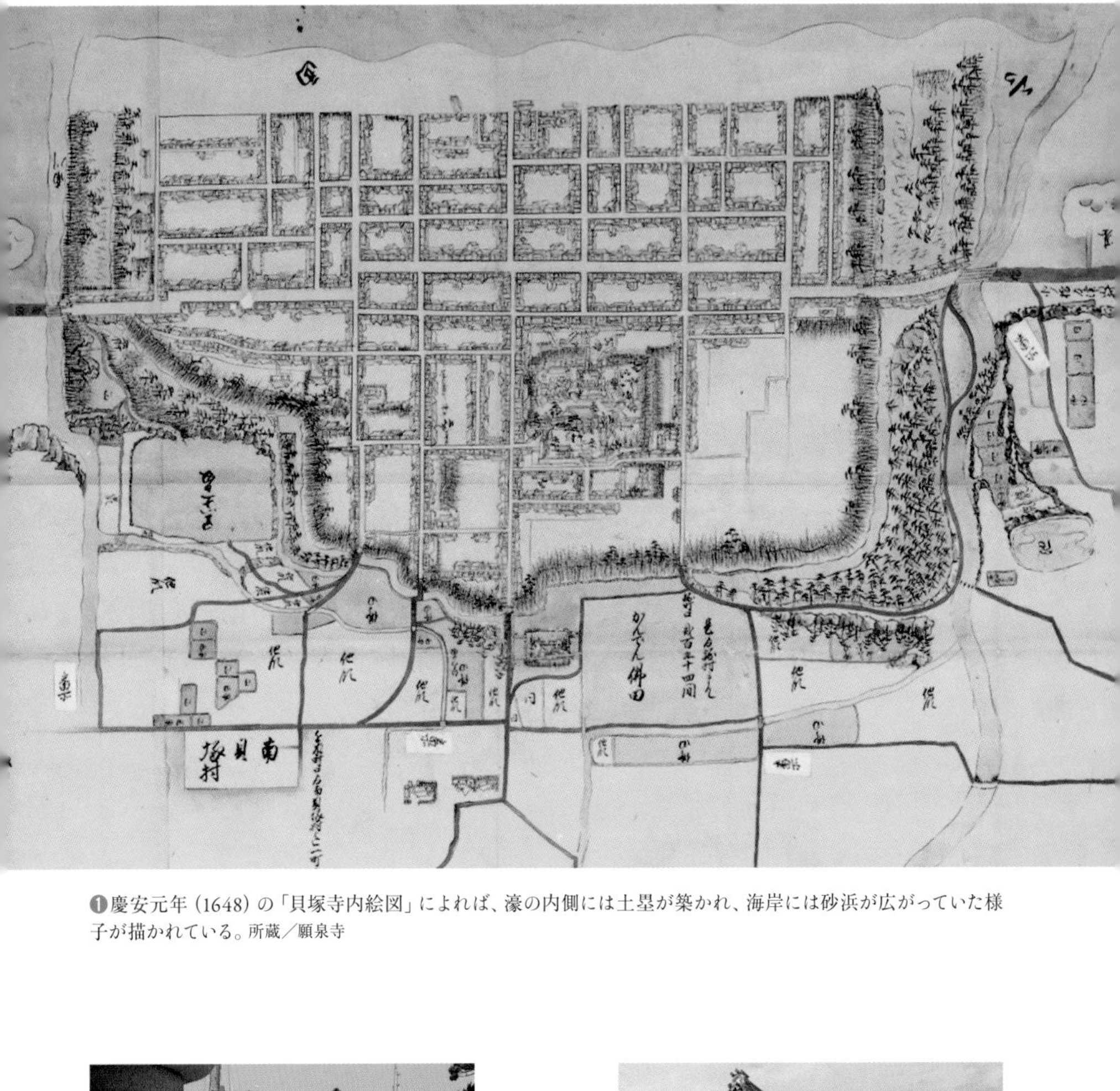

❶慶安元年（1648）の「貝塚寺内絵図」によれば、濠の内側には土塁が築かれ、海岸には砂浜が広がっていた様子が描かれている。所蔵／願泉寺

❻願泉寺山門前の道がクランクしているのは、敵の行動を制御する役割がある。

❺両脇に大きな灯籠を設置した願泉寺の立派な山門。

なったのが始まりだといい、七つの各町の太鼓台が町中を練り歩く姿は壮観で、町内の強いまとまりを感じる。

感田神社の参道を通り抜け、再び中之町通り沿いを歩いていくと、右手に両側を寺に挟まれた石畳みの道が現れ、ひときわ大きな山門が目に止まる。ここが貝塚御坊とも言われる**願泉寺**❺だ。

願泉寺の創建は諸説あるが、本願寺の主導によって海塚坊が建設されて寺内町がつくられ、織田信長と大坂石山本願寺の戦いでは支城の役割を担っていたが、天正5年（1577）、信長に攻められ町は焼け野原となった。復興後は顕如上人を迎えて本願寺御堂となるなど、歴史的に見ても重要な寺院である。

山門前の道は満泉寺や尊光寺が隣接し、寺町の風情を醸し出しており、道はその先でクランクしている❻ところから、敵の侵入を想定した町割りであったことがうかがえる。

願泉寺は段丘の上につくられており、本堂の背後（西側）にある墓地の端には約3メートルの高低差がある。隣接する貝塚市立北小学校の校舎と運動場との境目にも段差があり、これらは縄文時代の海岸線で、波によって削られた海食崖であると考えられるのだ。

さて、中町通りを渡り南側の住宅地内に入っていくと、地形が窪んでいる❼ことに気づく。下に下りると緩やかな曲線の道❽が現れるが、かつてはその曲線に沿って難波川という川が流れていたそうだ。両側の家々の奥には石積みの擁壁が見え隠れし、一段下がった土地であることが実感できる。

そこから再び中之町通りに出て駅の方に向かい、環濠の痕跡を探してみたい。線路沿いの道から最初の筋を右折するとくねくね道❾が現れる。右手の住宅の基礎部分は石積

❼中町通りから一歩中に入るとこのような窪地になっている。

❽窪地の先は、細い道がゆるやかにカーブしながら続く。

みの擁壁で段差があり、道はカーブしながら続いているところからこの道が濠跡なのだろう。古地図で確認すると、感田神社から続く濠はこの辺りでくねくね蛇行しながら続いており、右手は草木が生い茂る土塁が描かれていた。

その道を抜けると**貝塚中央商店街**⑩に出てくる。寺内町の風情を残す古い町家が残る通りを海側に進んでいくと、府道２０４号線が現れるが、この道路が紀州街道で、それを越えた海側にも古い町並みが残っている。

紀州街道沿いに発達した町であったこともあり、江戸時代には旅籠屋や金融・油屋・廻船問屋・木櫛の製造や卸問屋・薬問屋などが軒を並べていたが、それらの家々もわずかであるが細い道に沿って点在しており、どこか懐かしい町並みを見て歩くのも貝塚寺内町の魅力である。

また、道が交差する場所には道を少しずらした痕跡⑪が残っており、通りを見通すことができる無双窓の構造を見ることができる。

再び紀州街道を渡って段丘上へ向かう途中に坂道がある。**利斎坂**⑫と呼ばれる風情ある坂道は、貝塚寺内町の高低差を表す象徴的な場所だ。坂を上り四辻を左折し細い道を進んでいくと、土蔵が現れ、道がやや広がっていることに気づく。江戸時代には土塁と堀があったと思われる場所である。

さらに進むと橋があり、その下を流れる**北境川**⑬が北の境界線になる。貝塚寺内町には、他にもさまざまな痕跡が地形の高低差として残っており、それらをたどりながら歩くことで、新たな発見と出合えるかもしれない。

⑨環濠跡の痕跡が残る場所で、濠が蛇行しながら続き、右側に土塁があった。

⑩貝塚中央商店街には古い佇まいが残っている。

⑫紀州街道からみた利斎坂。貝塚寺内町の高低差を示し、坂道を進むと町家が並ぶ。

⑬環濠の北側を流れる北境川。手前には土塁がありその内側にも濠があった。

⑪食い違い道の角に位置し、東側の無双窓からは貝塚御坊願泉寺を望むつくりになっている。

21

KISHIWADA

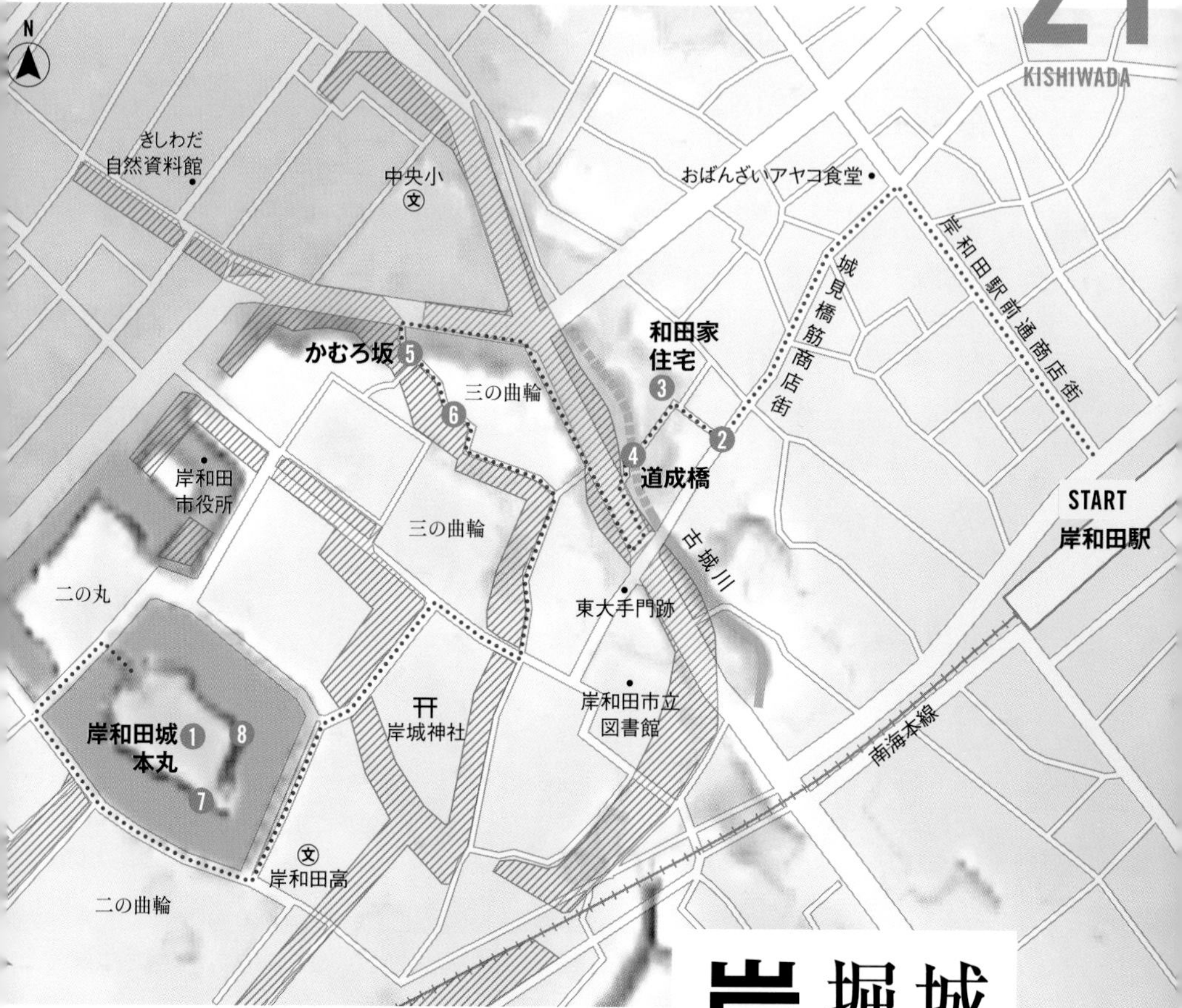

かつて堀があった場所

城下町に残る堀の跡。岸和田

POINT 巨大でありながらも堀が何重にもあったことで美しい姿だった城郭は、そのほとんどが埋め立てられて道路などになった。その痕跡を探してほしい。

❶天守閣展望台から大阪湾を望む。海岸付近には防潮堤の役割を果たした石垣の一部が今も残る。

岸和田といえば、だんじり祭や**岸和田城**❶を連想する方が多いのではないだろうか。岸和田城周辺の土地は、廃藩置県以降に大きく様変わりをしている。

かつては輪郭式と呼ばれる強固な縄張りで、本丸を中心に二の曲輪・三の曲輪を同心円状に配置し、堀も二重三重に張り巡らせた広大な敷地を誇る城郭であったが、ほとんどの堀は埋められ、当時の位置を特定するのは容易ではない。しかし、わずかであるが、堀があったことを想像させる痕跡が残っており、それらをたどりながら地形散歩を楽しもうと思う。

南海本線岸和田駅を下りて、西側にある岸和田駅前通商店街をしばらく進むと、左手に城見橋筋商店街に続く曲がり角がある。そのすぐ先が連続テレビ小説「カーネーション」で話題になったコシノファミリーの生家で、2019年にコシノ三姉妹のお母様の名前をとりおばんざいアヤコ食堂としてリニューアルオープンし、新たな観光名所になっている。

城見橋筋商店街を抜けると、緩やかな下り坂の先に大通りがあり、そ

❷下り坂の先の道路は、かつての外堀でその先には東大手門があった。

❸細い路地の先の大きな屋敷が見える。和田家住宅は登録有形文化財でもある。

の先がまた上がっていくのが見える。現在は府道として整備されている大通りは、かつての外堀があった場所だ。白壁と黒板塀の建物❷の先に赤いポストが見えるが、そのポストの右側にある路地を進むと、目の前に現れるのが登録有形文化財でもある**和田家住宅**❸の屋敷だ。

その塀に沿って続く細い道を進むと、コンクリート造りの**道成橋**❹が現れる。そこを流れる川の名を古城川といい、普段は水が流れていないが、かつては外堀と並行して海まで流れていた。古城川に沿って南に進み、外堀があったであろう場所にある横断歩道を渡ると、ゆるやかな坂道が続いていくが、ここには東大手門があったと思われる。

そこから道路に沿って北に進んで行き、交差点近くを注意深く見ていくと、建物の奥に数メートルの段差があるのに気づくだろう。この段差は外堀と二の曲輪の境界線だ。左手に細い坂道が現れるのでそれを上って行くことにする。この坂道は**かむろ坂**❺といい、かつては坂口門がこの辺りにあったと思われる。

目の前に現れたくねくね道とそれに沿って白塀とブロック塀❻が続く。この塀の右奥がかつての堀跡で、さらにその奥にはもう一つの三の曲輪があった。くねくね道からまっすぐな道に変わると住宅地が続くが、それらが建つ場所に堀があったのである。

四辻を右折し、最初の道を左折すると、向こうに岸城《きしき》神社の鳥居が見えてくる。城内にあった時は牛頭《ごず》天王《てんのう》社であったが、明治5年（1872）に八幡社と合祀し改称している。神社を過ぎると目の前に岸和田城の天守閣が現れる。

岸和田城の天守閣は、文政10年（1827）に雷が落ちて焼失した後、昭和29年（1954）に鉄筋コンクリート造で再建されたものだ。本丸の周囲は内堀が囲み、石垣と堀の間に

❹道成橋の下の古城川は普段は水が流れていないが、海までつながっていることから排水の役割もしていたのだろう。

❺低地と台地を結ぶかむろ坂。

❻三の曲輪と推定される場所を通る小道。城があった頃は右側に堀が続いていた。

「犬走り」❼と呼ばれる細長い通路のような場所がある。防御のことを考えると、敵が侵入する足がかりを与えてしまうことになりかねないが、土台を補強し安定させる役割があったと思われる。

　岸和田城の石垣の多くは和泉石が使われている。和泉石は近くの和泉山脈が産地になり、和泉層群と呼ばれる砂岩泥岩互層の地質から切り出した石材で、運搬コストなどを考えると最良の石材であったと思われる。しかし、風化に弱いという欠点があり、和泉石が大量に使われた石垣は過去に何度も崩れており、いたるところに復旧の痕跡❽を残している。

　最後に天守閣に上ってみよう。天守閣の上からは、岸和田の町が３６０度見渡せ、城下町や和泉山脈もよく見える。江戸時代には、大坂城を守るように大阪湾に沿って配置された尼崎城や明石城なども見えたのだろう。

❼石垣の下にある平らな場所が「犬走り」。

❽石垣を観察すると修復された跡が随所に残る。

岬町 淡輪

地形と地質、大自然を実感。

POINT 大型の古墳が丘の上にあり、海岸は自然地形を利用した天然の良港であったと思われる。海岸は地質を調べるのに適したエリアだ。

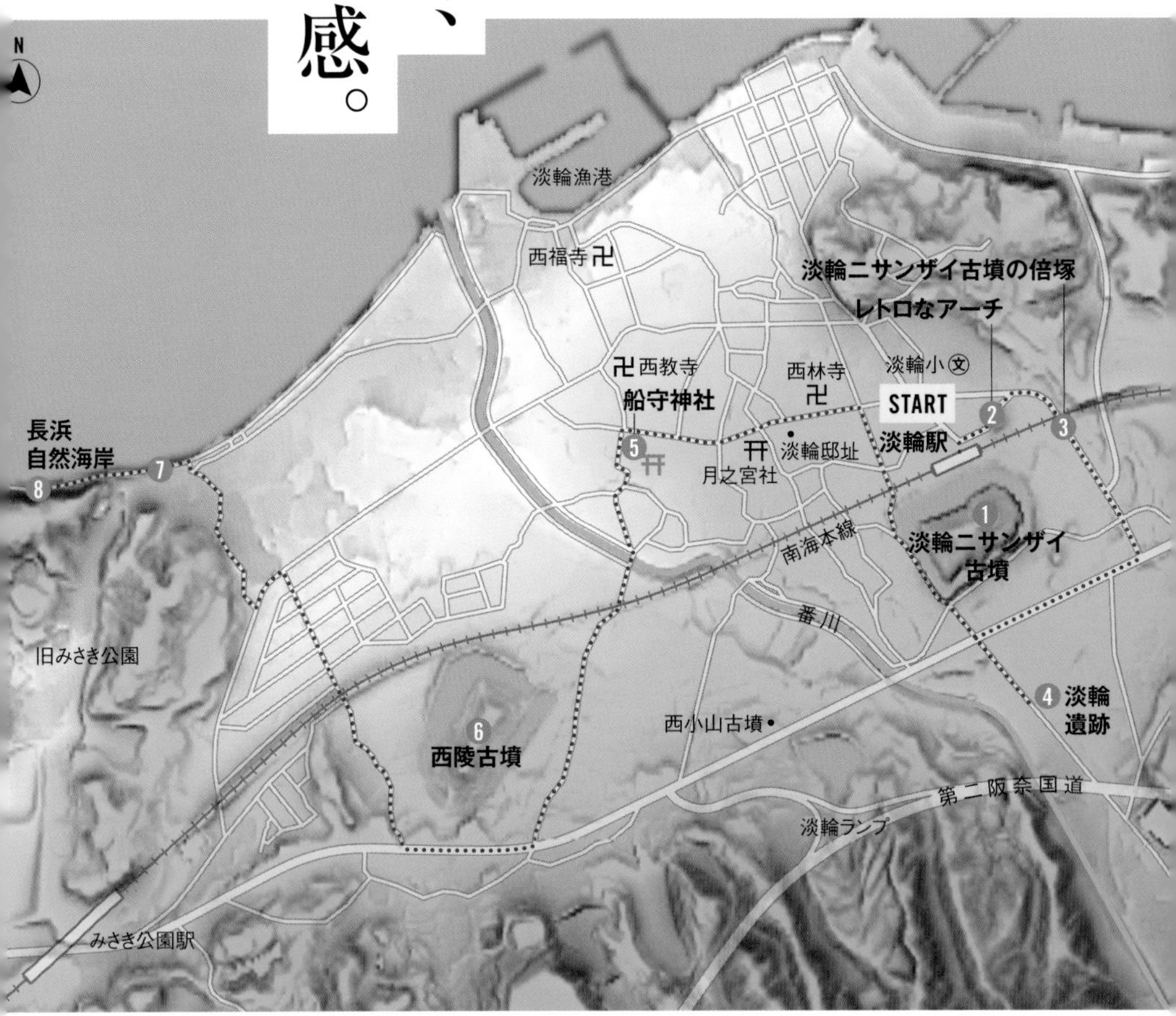

大阪府の最南端で最西端でもある岬町の淡輪《たんのわ》エリアは、大小の古墳が集まり、和泉層群の露頭（地層などが露出している所）が観察できる、歴史や地質を一度に楽しめる場所である。家族連れに人気だった「みさき公園」は、2020年3月末日で60年の歴史に幕を下ろしてしまったが、周辺を歩いてみると、地形は起伏に富み、歴史の厚みを感じる町である。

❷レトロな淡輪観光協会のアーチと陪塚が迎えてくれる。

南海本線淡輪駅は、**淡輪ニサンザイ古墳**❶の横に位置しており、駅ホームは古墳が間近に見えるベストビューポイントでもある。淡輪ニサンザイ古墳は、墳丘長180メートルと大型の前方後円墳で、5世紀中葉～後半に築造されたと考えられ、垂仁天皇の皇子・五十瓊敷入彦命《いにしきいりひこのみこと》の墓とされている。

駅の改札を抜けると、右手に大きく「歓迎」の文字が書かれた**レトロなアーチ**❷が出迎えてくれる。その奥に見える小山は**淡輪ニサンザイ古墳の陪塚《ばいちょう》**❸だ。陪塚とは、大きな古墳のそばにある小型の古墳で、副葬品等が埋納されていることが多く、線路を挟んだ場

❸線路を挟んで両側に陪塚がある。

❶淡輪ニサンザイ古墳は、海からもよく見える高台に、海岸線と並行して築造された前方後円墳である。

所にもあり、周囲には6基が現存している。

　そこから山側に歩いていくと**淡輪遺跡**❹がある。畑が広がり、解説板が設置されているだけの場所だが、一帯は縄文時代から古墳時代にかけての集落跡で、土器や石器など数千点が出土している。淡輪の町を横断するように流れる番川の右岸の段丘上に位置し、海や川に近く、古代淡輪の中心地であったのだろう。

　淡輪ニサンザイ古墳の西側の周濠から水路沿いを抜け、道路沿いを西に進むと、左手に淡輪邸址の解説板が設置されており、土塁のような遺構が残っている。淡輪氏とは鎌倉時代末期頃に現れた地方豪族で、戦国時代までこの地域に勢力を持っていた国人で、ここには土塁で防御した大屋敷があったのだろう。

　さらに進むと**船守神社**❺とクスノキの巨樹が現れる。淡輪は古くは紀氏の領地で、船守神社の創建は延喜11年（911）とされ、紀船守、紀小弓《きのおゆみ》、五十瓊敷入彦命が御祭神である。クスノキの樹齢は800年とも言われ、4本の木が根元で一つになったような形をしている。樹勢は旺盛で遠くからもよく見え、この町をずっと見守ってきたシンボルツリーである。

　さて、もう一つの大きな**西陵《さいりょう》古墳**❻に向かうことにする。近づくとその大きさを実感するが、墳丘長210メートルの前方後円墳で、5世紀前半築造とされている。埋葬者は古墳時代の豪族・紀小弓とされているが、『日本書紀』に田身輪邑《たむのわむら》に墓が造られたことが記されていることから比定されたようである。

　淡輪古墳群は、大阪湾の南の入口である紀淡海峡の近くにあるが、海を隔てて向こう側の明石海峡を望む高台には五色塚《ごしきづか》古墳があり、その中間地点に仁徳天皇陵古墳を中心

❹縄文から弥生にかけて集落が営まれていた淡輪遺跡。

❺船守神社と圧倒されるほど大きなクスノキの巨樹。

❽旧みさき公園北側の海岸に残る波食棚。砂岩と泥岩の地層はその硬さによって風化の具合が異なる。

とする百舌鳥古墳群がある。それらは海からもよく見える位置にあり、大陸からやってくる使者に対しても、視覚的にヤマト政権の権威を見せつけたのであろう。

　最後に、旧みさき公園北側の海岸線を歩いてみた。遊歩道のすぐ下の海岸は、大小の丸く削られた石が波にもまれてカラコロと音を鳴らせていた❼。石は砂岩が多いように思えた。

　さらに海岸線を進むと、山側は急峻な崖で、海岸には砂岩泥岩互層がつくる綺麗な縞模様の岩❽が現れる。この辺りの地層は和泉層群と呼ばれ、海の底にあった中央構造線の窪地に溜まった地層が地殻変動により隆起した場所である。砂岩と泥岩の層が地表に現れ波に削られた場所で、崖は海食崖、海岸は波食棚が観察できるのだ。もちろん水平線の向こうには六甲山や淡路島も望め、大阪湾の広さと、大阪の大自然を実感できる場所でもある。

❼波に揺られて角が丸まった海岸の小石。砂岩が多い。

❻西陵古墳は、海から見える丘の上にある。

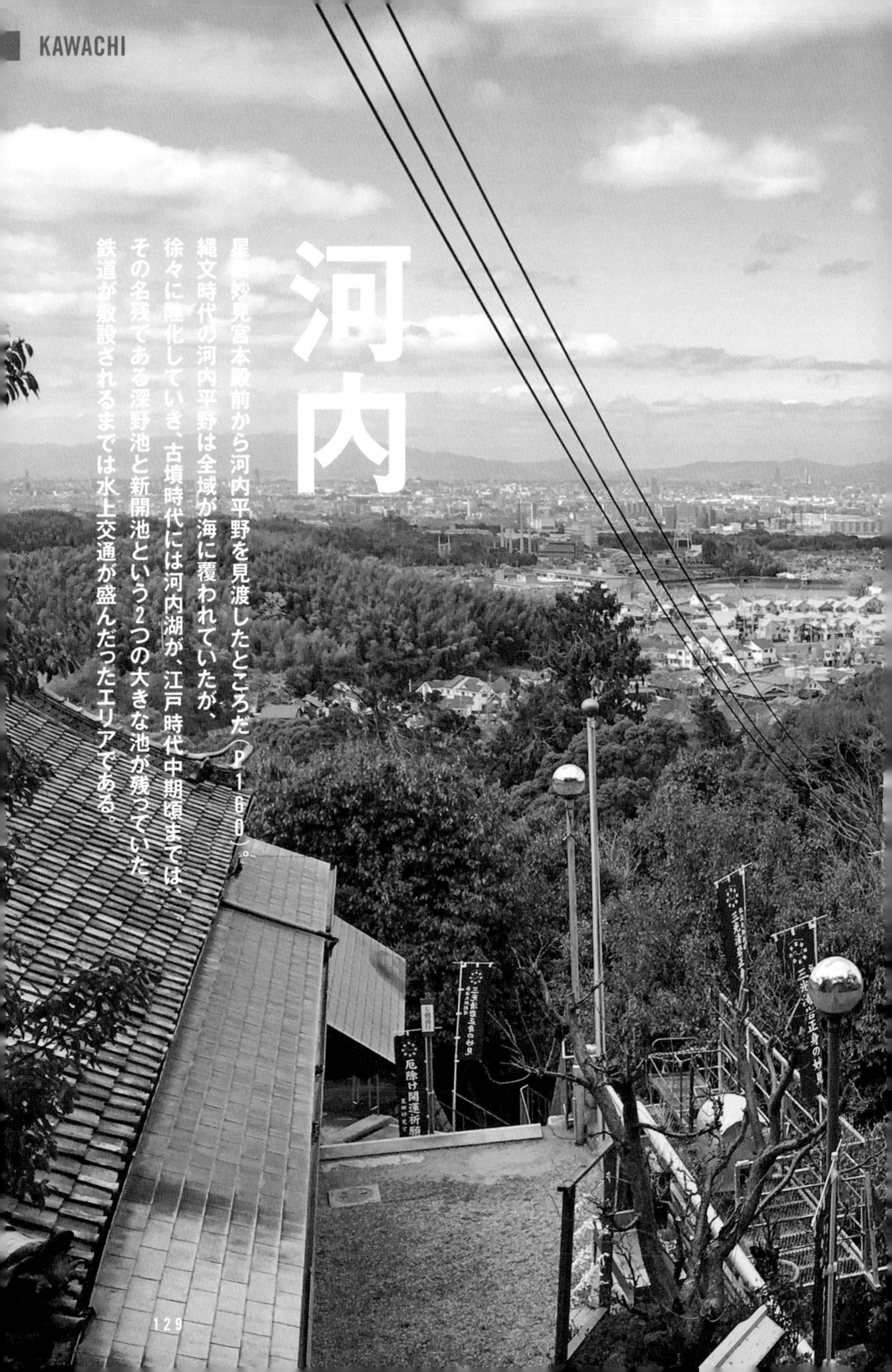

河内

星田妙見宮本殿前から河内平野を見渡したところだ（P160）。縄文時代の河内平野は全域が海に覆われていたが、徐々に陸化していき、古墳時代には河内湖が、江戸時代中期頃までは、その名残である深野池と新開池という2つの大きな池が残っていた。鉄道が敷設されるまでは水上交通が盛んだったエリアである。

23

FURUICHI KOFUNGUN

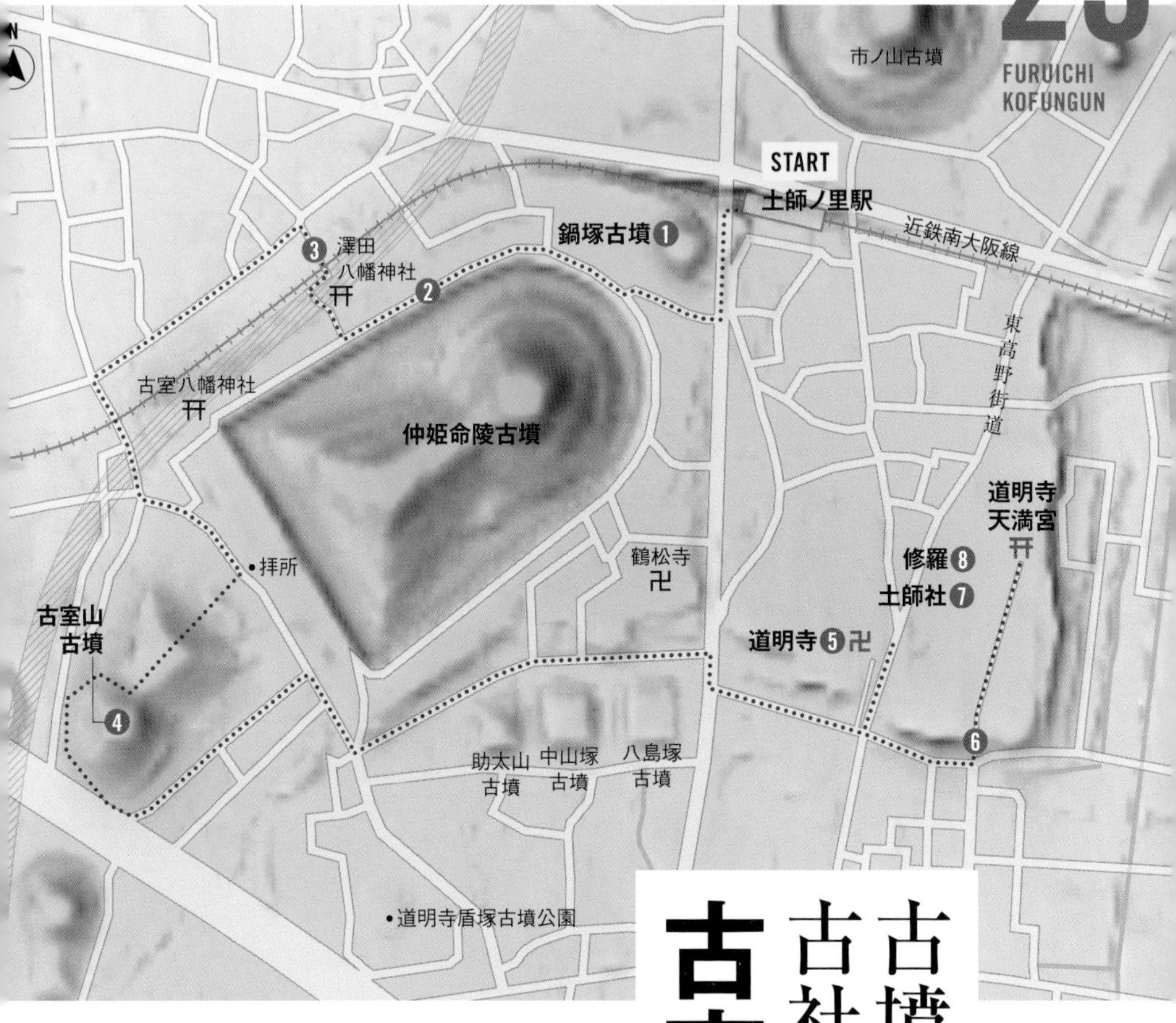

古墳の狭間の古社寺めぐり。古市古墳群①

POINT 段丘崖に沿って歩くと、想像以上に高低差があることを実感できる。大坂夏の陣の激戦地でもあり、古代から戦国時代までの歴史を地形からひも解くのに最良の場所である。

近鉄南大阪線土師《はじ》の里駅に降り立った。この地は駅名からも想像できるが、古代豪族・土師氏の本拠地であった土地である。

駅の改札口を出て、道路を挟んだ向かい側のこんもりとした小山が**鍋塚古墳**❶だ。国の史跡でもある方墳で、墳頂まで階段が設置されている。駅に着いて5分後には古墳の上に立つことができるという珍しい場所なのだ。

❸澤田八幡神社の社殿が鎮座する斜面は、この地下を通る誉田断層による断層崖でもある。

その南西に見える森は仲姫命《なかつひめのみこと》陵古墳だ。4世紀後半〜5世紀初めに築造されたと考えられている前方後円墳で、墳丘長が約290メートルあり、古市古墳群では応神天皇陵古墳に継ぐ大きさを誇る。ちなみに仲姫命は応神天皇の皇后にあたる人物である。

先ほどの鍋塚古墳は、仲姫命陵古墳の陪塚と考えられている。陪塚とは、大型古墳に埋葬された人物の親族や家臣、副葬品などが埋納されていることが多い小型の古墳のことである。

周壕沿いを西へ歩いていくと右側

❷仲津姫命陵（仲津山古墳）の周壕沿いを歩くとおクスノキの巨樹が見えてくる。

❶鍋塚古墳の上からは土師の里駅と背後には市ノ山古墳（允恭天皇恵我長野北陵）が見える。

に澤田八幡神社の森❷が見えてくる。周壕堤の高低差を利用してつくられた参道はまっすぐ延びており、なんと参道の途中に踏切❸がある。近鉄南大阪線が神社の境内をまたいでいるのだ。神社の参道を電車が横切るというなかなか珍しい光景を見ることができる。

さて、仲姫命陵古墳の西側にやってきた。民家と民家の間の奥に鳥居を設けた拝所があるのでここで参拝をすることができる。拝所を背にし、振り返ると目の前に公園のような開けた場所が現れる。ここには**古《こ》室《むろ》山《やま》古墳**❹という墳丘長が約150メートルの前方後円墳があり、上に登ることができるのだ。

木々が繁る中に足を踏み込むと緩やかな傾斜が現れ、それを上っていくと尾根のような場所にたどり着く。ここは前方後円墳の前方部頂で、尾根の向こうに後円部の頂上が見える。尾根を歩き後円部頂の上に立つとその高さに驚くかもしれない。眼下には民家の屋根が小さく見え、見晴ら

❹古室山古墳の後円部からの眺め。天気が良ければ正面にあべのハルカスが見える。

❺道明寺の前身である土師寺は、7世紀中葉に創建され立派な伽藍が天満宮前にあったとされている。

❻道明寺天満宮の石段下は、古代土師寺の伽藍があった場所で、江戸時代は境内地に道明寺と天満宮が置かれていた。

しがよく、天気がよければあべのハルカスも見える。

次に道明寺方面へ向かうことにする。途中に四角い方墳が三つ並んだ場所があるが、西から助太山古墳・中山塚古墳・八島塚古墳といい、総称を三ツ塚古墳と呼ぶ。これらも仲姫命陵古墳の陪塚だと考えられており、中山塚古墳と八島塚古墳の間からは大小の修羅が見つかり一躍有名になった場所でもあるのだ。

しばらく歩くと左手に緩やかな坂道が現れるが、この道は東高野街道になる。そしてすぐに現れたのが**道明寺**❺だ。道明寺の前身は土師寺といい、土師氏の氏寺にあたる。土師氏の子孫・菅原道真公ゆかりの寺で、道真公の別名道明から道明寺と呼ばれるようになったという。

先ほどの緩やかな坂道（東高野街道）に戻り東に歩いていくと**道明寺天満宮**❻の石段が現れる。明治時代の神仏分離が行われる前は、石段の南側に四天王寺式伽藍が配置されていたという。境内に入っていくと、本殿脇に元宮である**土師社**❼に気づくかもしれない。この地が、道真公を祀る道明寺天満宮になる前の神社だ。

さらにその横には実物大に復元した**修羅**❽も置かれている。修羅とは巨石などを運ぶソリのことである。この地は古墳の築造など土木技術に長けていた土師氏の本拠地であり、地形の高低差と古墳の高低差を体感できる場所である。さらに、大坂夏の陣の激戦地でもあり、古層には様々な時代の歴史が眠っている。

古市古墳群は、百舌鳥古墳群とともに、2019年に世界文化遺産に登録された。今後、さらに注目が集まるであろうエリアである。

❽境内にある修羅の復元。現物は大阪府立近つ飛鳥博物館と藤井寺市立図書館にある。

❼境内の片隅にある元宮土師社は道明寺地区の氏神にあたる。

古市古墳群②

古墳を本丸にした高屋城跡。

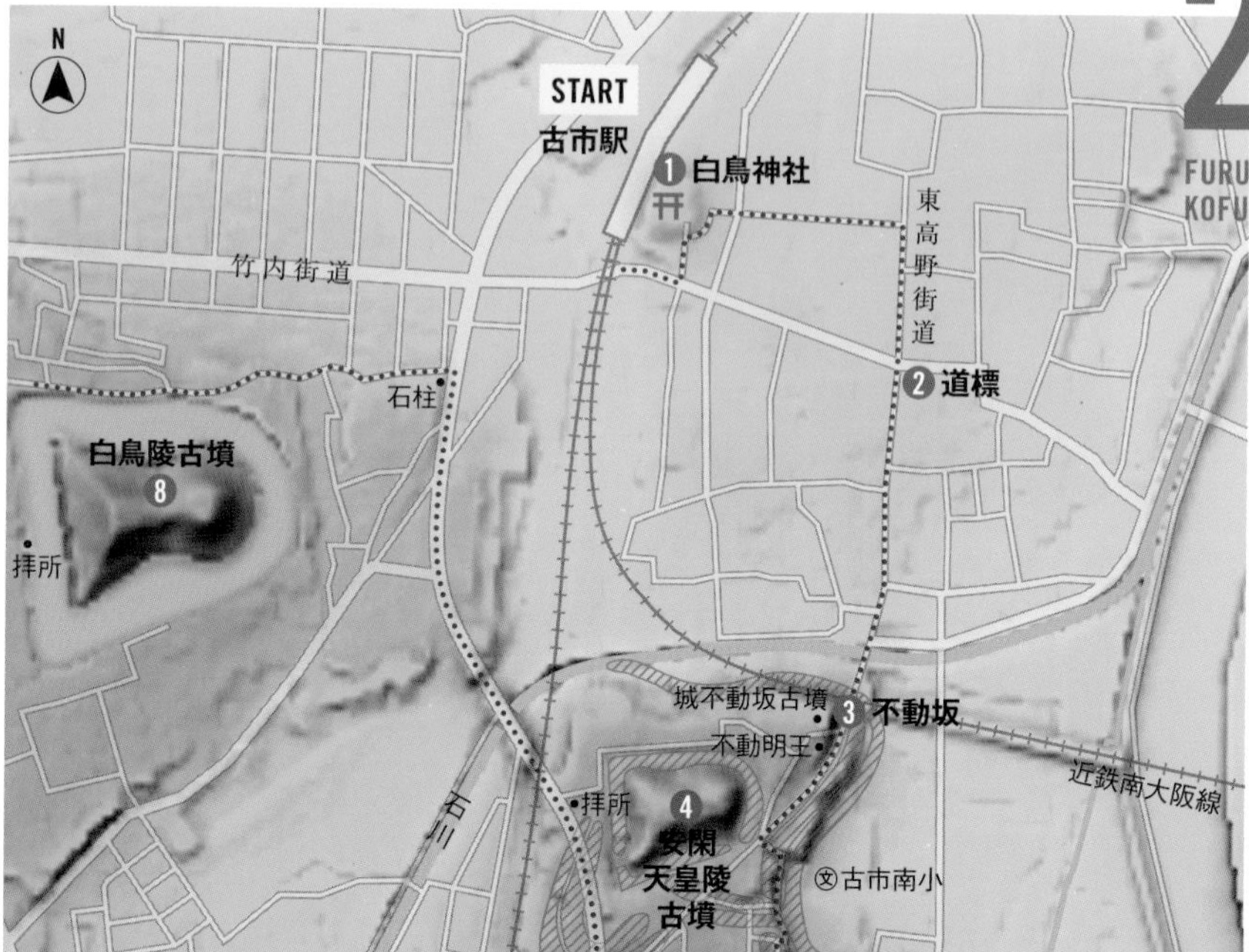

かつて土居があった場所
かつて堀があった場所

POINT　自然地形と古墳を最大限利用してつくられた城郭跡。東高野街道が通っていたことも城造りの条件として重要だったのだろう。

❷竹内街道と東高野街道が交差する地点に残る大きな道標。

世界遺産・古市古墳群の中央部に位置する古市は、古代から交通の要衝として人の往来が絶えない土地だった。戦国時代には畠山氏により高屋城が築かれ、河内の中心地となっており、その痕跡を探しながら地形散歩してみようと思う。

近鉄南大阪線古市駅の階段を下りた前を通る道は、古代の官道1号線とも言われる竹内街道だ。駅の東側に隣接する鎮守の森は、古代神話の英雄・日本武尊《やまとたける》を祀る**白鳥《しらとり》神社**❶で、そちらにお参りしてから、境内の東側を通る東高野街道へ。東高野街道は京都と高野山を結ぶ南北に続く街道で、東西を通る竹内街道と交差する地点には、大きな**道標**❷が今も残っている。

街道の風情を楽しみながら進み、集落が途切れた向こうに、踏切と背後に木々が生い茂る高台が現れる。踏切の先は緩やかな坂道になり、上りきった右側に古墳の森が現れる。この坂道は**不動坂**❸と言い、高屋城の北口にあたる場所で、東側には土塁跡が残り、当時は櫓が築かれていたようだ。

西側の高台には、不動坂の名前の由

❸踏切の先が不動坂。左側が土塁跡、右側に見える森が城不動坂古墳。

❶近鉄古市駅の東側の茂みは、白鳥神社の鎮守の森である。

❺自然要害を実感できる段丘崖。正面に二上山の姿がよく見える。

来でもある不動明王が祀られている。近年の発掘調査で、この高台には前方後円墳があったことがわかり、城不動坂古墳と名付けられ一部が柵で囲われていた。

高屋城は、応仁の乱以降に河内守護職にあった畠山氏によって築城されたといわれる。石川の左岸に位置し、標高約40メートルの河岸段丘で独立丘陵の地形を活かし、全体を土塁と堀で三つに区切った連郭式の城郭であった。**安閑天皇陵古墳**❹を本丸とし、二の丸、三の丸と続く、南北約８００メートル、東西約４５０メートルの規模で、古墳自体は、緊急時に利用する場所であったようだ。

東高野街道の東側は崖になっており、階段下に古市南小学校の体育館が見える。階段の途中に上に繋がる階段があるので、そこを進み、崖沿いの道から住宅地を進んでいくと見えてくる緑の小山は、春日山田皇女陵《かすがのやまだのおうじょりょう》古墳といい、安閑天皇の皇后の陵墓だ。

そこから少し進むと大きな道路が現れるが、この辺りまでがかつての二の丸で、この先に土塁と堀があった。昭和20年代までは痕跡が残っていたが、

❻高屋神社は、この地に城ができる以前に居住していた高屋連の氏神で、約1500年前の創建。

❹宮内庁の管轄なので中に入れないが、墳丘部分は高屋城の本丸にあたり土地の改変が行われたのだろう。

昭和30年代の宅地化により消滅している。東側に進むと急階段❺が現れる。高低差約7メートルの階段下には、さらに数メートルの段差があり、自然要害であったことが実感できる。

階段上から東方向を眺めると、二上山がくっきりと見えた。ふたこぶのシルエットは、古代からランドマークとして存在していたのだろう。

崖下にあるもう一つの階段を上る途中、自然地形の崖が残っていたが、土塁の痕跡だろう。そこから住宅地を西に進むと東高野街道と合流するが、近くに**高屋神社**❻という小さな社が祀られている。ここは延喜式に残る古社で、創建は古墳時代の538年とされており、丘陵地一帯は物部一族・高屋連の本拠地であったという。

街道を北に進み、国道にさしかかった西側に保育園があり、北側に草木が生い茂る土手が残っている。この土手がわずかに残る二の丸の**土塁跡**❼で、堀は埋められ弧を描いた形の土地は駐車場になっていた。

最後に**白鳥陵《はくちょうりょう》古墳**❽に向かうことにする。安閑天皇陵古墳の拝所前を通り、陸橋を越えると、日本武尊御陵参拝道の石柱があるので、それを進むと周濠と墳丘の森が現れる。白鳥に姿を変えた日本武尊は、埴生《はにゅう》の丘に羽を曳くがごとく飛び去ったという伝説が、羽曳野の地名の由来になっている。周濠の周りはきれいに整備されており、白鳥の名にふさわしい美しい姿を今も残しているのだ。

❼戦後の宅地化で土塁跡はほとんど姿を消したが、わずかに残る痕跡もいつか消えるのだろう。

❽「羽曳野」の名の由来に繋がる白鳥陵古墳。白鳥となったヤマトタケルがこの地に舞い降り、羽を曳くが如く飛び去っていった。

25

YAO・KYUHOJI

川を挟んで並ぶ、二つの寺内町。八尾・久宝寺

大阪府の中核市の一つである八尾市は、久宝寺寺内町と八尾寺内町を中心に発展した町である。寺内町とは台地や河岸段丘、自然堤防などの自然地形を利用し、土居（土塁）や堀で防御機能を備えた浄土真宗（一向宗）の寺院を中心とした自治集落のことである。二つの寺内町がこれほど近距離に存在するケースは他になく、それらの成り立ちをひも解きながら地形散歩をしようと思う。

近鉄大阪線八尾駅を降りて西側の

八尾寺内町の堀
久宝寺寺内町の堀
久宝寺寺内町の土居

POINT 旧大和川の堤防沿いの地形と久宝寺寺内町の環濠跡をたどりながら、わずかな地形の変化と歴史ある景観が見どころである。

❷慈願寺は八尾の歴史を語る上で外せない寺院である。

❶この地は八尾寺内町の東口にあたり、人の往来が多かった場所であった。

大通りを南西に進むと、公園の角に**道標**❶を見つけることができ、ここから久宝寺まで八尾街道がまっすぐ続く。八尾本町筋商店街のアーケードがある交差点を左折し、しばらく進むと右手に立派な門構えの**慈願寺**❷が現れる。慈願寺は、久宝寺御坊と呼ばれる顕証寺が創建される以前に久宝寺寺内町の中心であった寺院で、17世紀初頭に久宝寺寺内町から分離している。

　戦国時代、織田信長と大坂石山本願寺は10年にも及ぶ戦いを行っていた。『信長公記《しんちょうこうき》』に「抑《そもそ》も大坂は凡《およ》そ日本一の境地なり」と記されるように、信長は上町台地の先端部に位置していた大坂石山本願寺寺内町の土地を明け渡すように求めた戦いであった。結局、本願寺側が講和を受け入れることになるが、講和派と抗

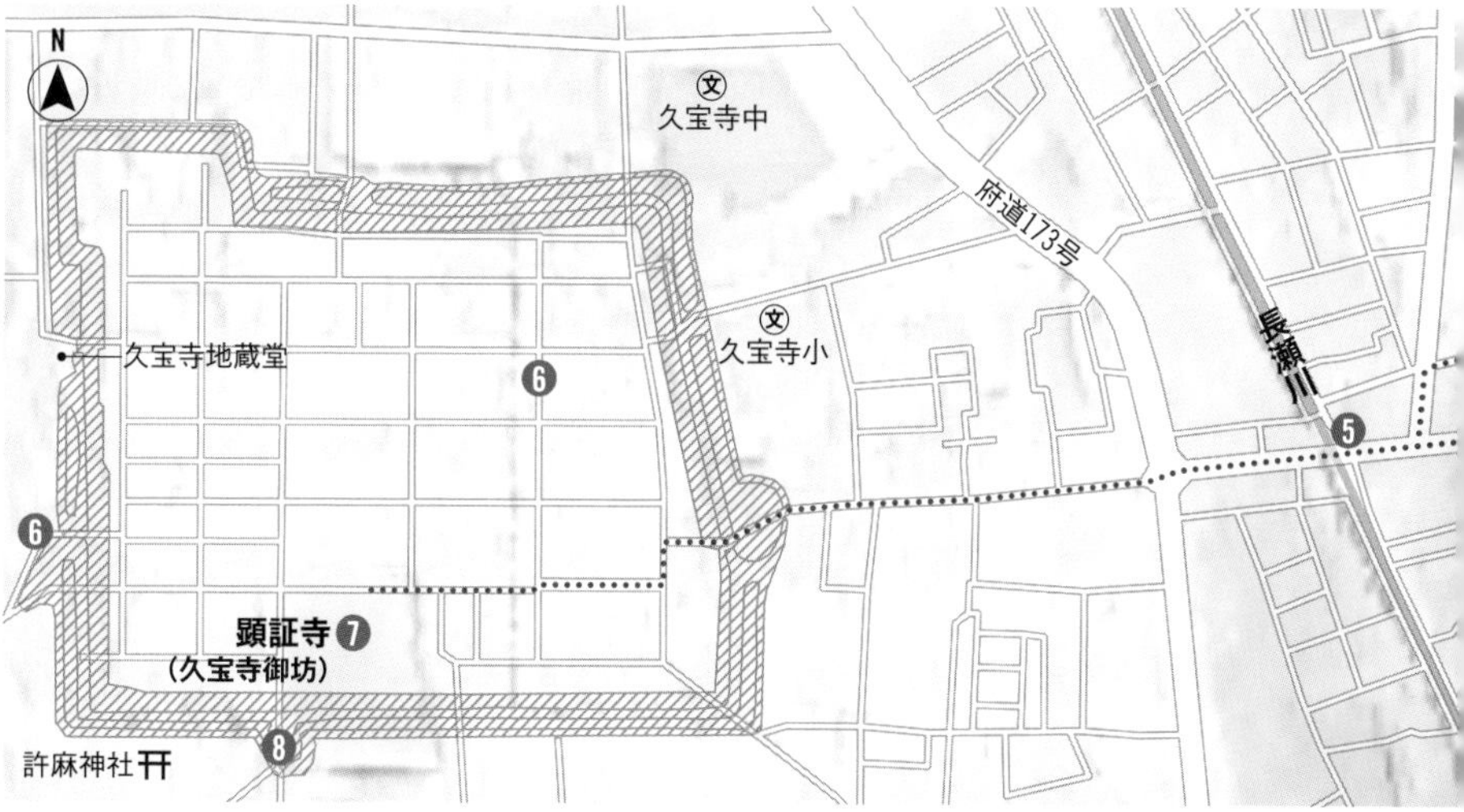

❹明治2年（1869）に河内県が設置された時に仮の県庁が置かれた場所で、大阪府の史跡となっている。

❸八尾御坊こと真宗大谷派八尾別院大信寺。

戦派に分かれた本願寺は、その後内部対立を起こして東本願寺と西本願寺に分かれることになる。

その余波が久宝寺寺内町にも飛び火し、講和派の顕証寺と抗戦派の慈願寺による内部対立が発生。慈願寺と森本行誓《こうぜい》ら17人衆は久宝寺寺内町を出ることになり、当時は大和川の本流であった長瀬川東岸の荒れ地を開墾し、新たに大信寺を創建して八尾御坊とし、堀などで囲まれた八尾寺内町を形成するのである。

慈眼寺の裏手には、旧長瀬川の堤防跡を思わせる緩やかにカーブした道が続いている。その道に沿って北へ進むと、八尾御坊こと**大信寺**❸が現れる。周辺の土地よりやや高い場所にあり、自然堤防の高まりに建てられたことがうかがえる。敷地内の梅林の中に**河内県庁跡の碑**❹が建つが、これは明治2年（1869）に半年間だけ置かれた河内県の中心施設跡の碑で、八尾の町が江戸時代にいかに発展したかがうかがえる。

再び八尾街道に戻ろう。**長瀬川**❺は宝永元年（1704）に行われた大和川の付け替えにより、不要になった堤防が削平された。その後は井路川《いじがわ》となるが、地形図では周辺よりもわずかに標高が高く、大河が流れていたことが想像できる。井路川には、八尾と久宝寺の人々の共同出資による剣先船が就航し、大坂と水運で結ばれることで、二つの町は大いに栄えることになる。

八尾街道を進み府道173号の顕証寺交差点で道は細くなるが、この辺りまでが旧堤防跡である。道路が緩やかにカーブする場所は、寺内町の出入口である木戸口があった場所だ。

久宝寺寺内町は周囲を二重の土居と堀で囲み、強固な防御機能を持った自治都市で、

❺長瀬川は旧大和川の本流にあたり、久宝寺川とも呼ばれていた。

❻久宝寺寺内町は、碁盤目状の町割りや風情ある並みが随所に残っている。

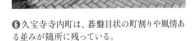

❽享保10年（1725）に顕証寺の南側が新しく工事されたが、当時の土塁跡が今も残っている。

出入口には6ヶ所の木戸口があり、東西に7本、南北に6本の道路が碁盤目状に走っていた。現在、土居は削平され堀も埋められて痕跡を見つけるのは困難だが、町割りはほぼ当時のまま残されているという。町を歩くといたるところに古い町家が残り、水路があるなど、歴史的景観が残されている❻。

寺内町の南端の中央部には久宝寺御坊の**顕証寺**❼がある。堂々たる風格の山門と本殿は大阪府内でも最大規模を誇る立派な歴史的建造物だ。境内の一角には、かつての土居と堀の一部❽がわずかに残っている。久宝寺寺内町周辺は、昭和30年代頃までは見渡す限りの田園風景が広がっていた。かつての環濠都市をイメージし、微地形や町割りを楽しむ地形散歩も面白い。

❻住民の方々によって水路の景観が美しく保たれている。

❼久宝寺御坊こと浄土真宗本願寺派久宝寺御坊顕証寺。

26

TONDABAYASHI

富田林 崖沿いに延びる四つの坂道。

POINT 富田林寺内町の町をめぐるだけでも十分に楽しめる場所だが、河岸段丘の高低差とそれを上り下りできる坂道もおすすめしたい。

かつて土居があった場所

近鉄長野線富田林駅を降車し、駅前ロータリーからまっすぐ南下する道を進むとすぐに寺内町に入ることができる。公園を通り過ぎ四つ角にさしかかると左角に地蔵尊の祠が現れ、前方の道がわずかにずれ、左（東方向）の道が緩やかな曲線になっていることがわかるだろう❶。この辺りが寺内町の中へ入っていく境界線で、かつて土居（土塁）があった場所である。

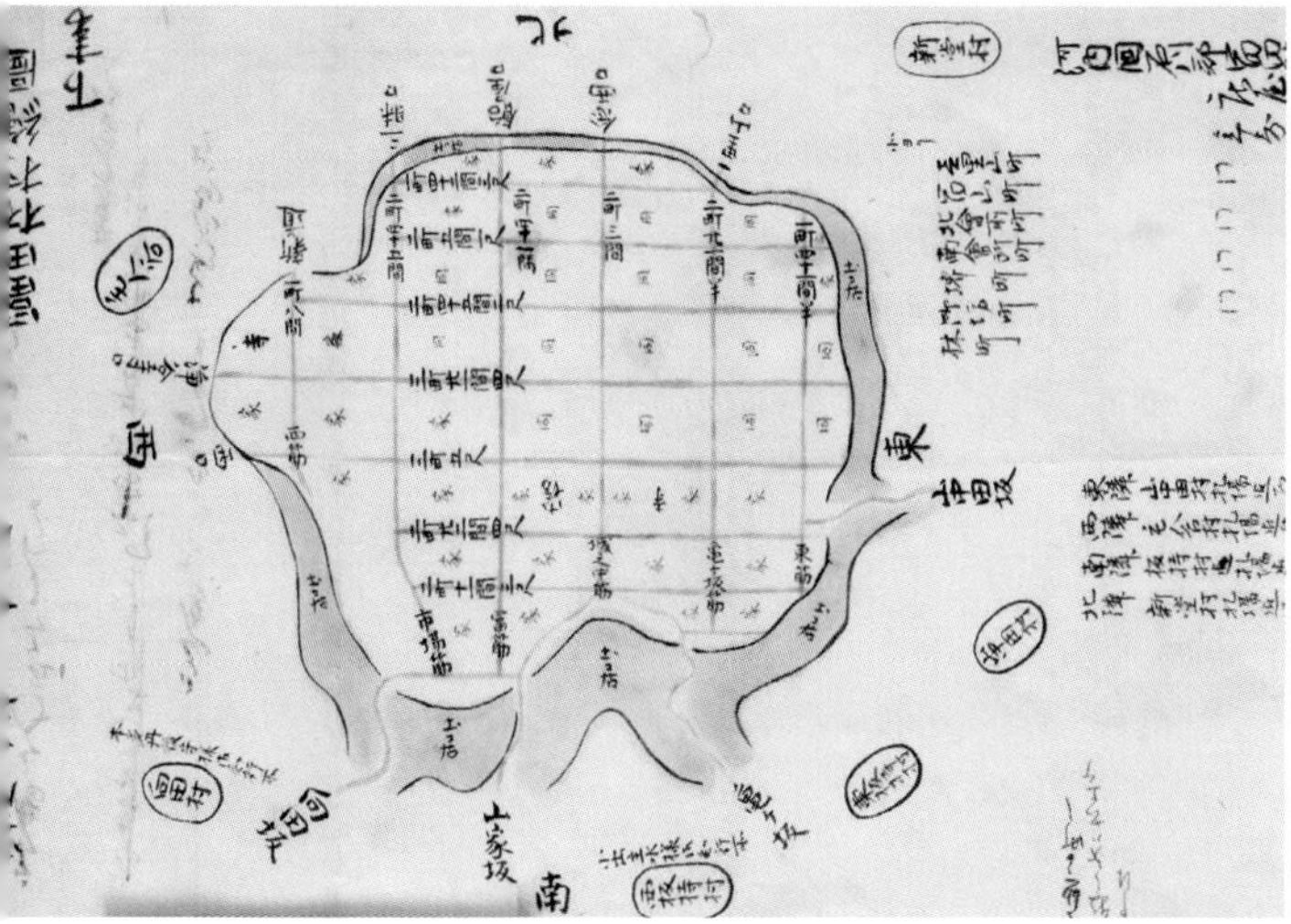

❷富田林寺内町を描いた最も古いとされる「宝暦三年（1753）富田林村絵図」（富田林市指定文化財）。土居と坂の名前がよくわかる。提供／富田林市教育委員会

ここで、富田林寺内町❷について簡単に解説しておきたい。富田林寺内町は、戦国時代の永禄年間（1558〜69）の初めごろに証秀上人が荒芝地に興正寺別院を建立し、周辺4ヶ村の庄屋ら8人が屋敷や町割りなどを建設したことに始まる。南北6筋、東西7町の碁盤目状の町割りの周りには土居を廻らし、そこに竹を植えて防御壁をつくり、外部からの出入口は4ヶ所に限られていたという。

宗教自治都市として、領主からの税を免除されるなどの特権を得て、酒造をはじめ、多くの商人や職人が

❶富田林寺内町の入口、かつてここには土居があった。

❸日本の道百選にも選ばれた城之門筋。寺内町のメインストリートだ。

集まり繁栄したのだ。現在も江戸時代中期以降に建てられた民家が多く残り、重要伝統的建造物群保存地区となっている。

　さて、先ほどの緩やかにカーブした道を歩いていこう。この道はかつてあった土居を取り除いてつくられた道である。二つ目の筋を右に曲がると、両脇を古い板塀や白壁などが連なりまっすぐ延びる道が現れる。これが日本の道百選にも選ばれている**城之門筋**《じょうのもん》❸である。

　城之門筋を東西の道と交差する場所を気にしながら歩くと、ところどころで交差する道がずれていることに気づくだろう。これは当て曲げの道❹といって、侵入者が道の先を見通せないようにしているのだ。

　また、家と家の間には細い隙間があることに気づくかもしれない。それは大坂城下町にもある背割下水で、こちらでは「背割り水路」❺と呼ばれている。観光用にわかりやすく表示している箇所があるので探してみてはいかがだろうか。

　他にも四つ角に石橋❻をいくつか見つけることができるが、これは防火用水を兼ねた堀跡で、町全体で火災の備えをしていた証である。寺内町は古い町並みを眺めて歩くのが楽しく、足元や建物の細部を見ているといろんな気づきがある。

　さて、目の前に**興正寺別院・富田林御坊**❼が現れた。浄土真宗の寺院本堂として大阪府内で最も古い建物で、立派な山門と鐘楼、白壁の鼓楼が威厳と漂わせている。ほぼ最初の寺地を保っているという。

　富田林寺内町は河岸段丘上にあり、寺内町の南側を歩くとその特異な地形がよくわかる。高低差約10メートルの崖沿いには、向田坂《こうだ》・山家坂（山ヶ坂）・亀ヶ坂・山中田坂《やまちゅうだ》と

❺背割り水路と歩道に記されているのでわかりやすい。

❹クランクした「当て曲げの道」が町のいたるところにある。

❽左が向田坂（旧東高野街道）で、直線道は近代に入って整備された道。

❼立派な門構えの興正寺別院・富田林御坊。

❻石橋もよく見かけるが、下を水が流れていたのだろう。

四つの坂道があり、向田坂と山中田坂は、寺内町ができた当初からある出入口だ。それらを巡って行こうと思う。

向田坂❽は東高野街道へ続く道で、谷へ下る坂道でもある。坂を下るとかつての谷を流れていた川が水路として残っている。近代に入ると段丘の上に直線道路が整備され、谷を越えるために谷川橋が架けられた。

向田坂から上がってきた旅人が最初に見るであろう**道標**❿が寺内町の入口にある。「町中くわへきせる ひなわ火 無用」と刻まれ火の用心を呼びかけているのだ。

山家坂⓫は民家の玄関横にあるためわかりにくいが、鬱蒼とした森の中を通る。ほとんど整備されていないので、かつての面影を残す唯一の坂道だろう。

河川敷に下りて崖沿いを歩いて行くと、河岸段丘の高低差に驚くかもしれない。少し歩くと整備された階段が見えてくるのが**亀ヶ坂**⓬である。山家坂と亀ヶ坂は、石川を越えて対岸へとつながる道に続いており、石川の中央には中州があり、その両側に小さな橋が架かっていたようだ。

最後に訪れたのは**山中田坂**⓭である。富田林街道につながる階段で、上に立つと東側が見通せて河岸段丘の高低差が実感できる場所だ。後ろを振り返ると小さく丸い石を敷き詰めた背割り水路を見つけることができるだろう。水路は富栄戎《とみさかえびす》神社の下を通り、階段横を通っている。

富田林寺内町では、毎年8月の終わりに「富田林寺内町燈路」という祭りが行われる。約1000基の行灯が、夜の寺内町を照らすイベントで、普段とは違う寺内町と出会えるかもしれない。

❾道路が整備された当初は谷を越える橋が架かっていた。

❿火の用心の文言が刻まれた道標ができて以降は大火がなく、古い町並みが残った。

⑬向こうに見える山は金剛山地で、その向こうには奈良盆地が広がっている。階段の左端の下を背割水路が通っている。子供たちは自転車を降りて河岸段丘の下へ向かっていった。

⑫整備された亀ヶ坂。目の前が石川の河川敷だ。

⑪「山家坂」や「山ヶ坂」と古地図に残る坂道。

27

KIRI

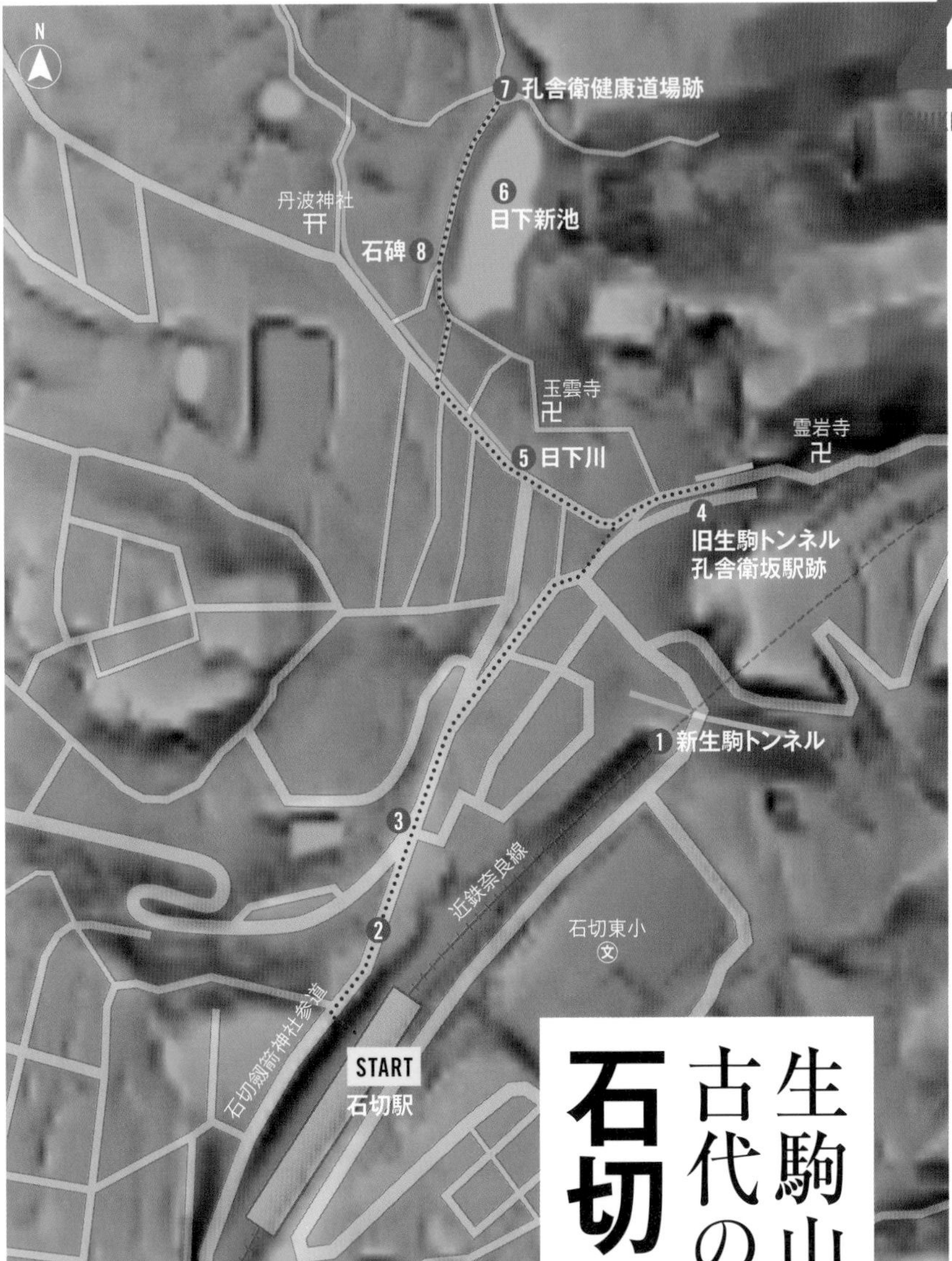

生駒山麓に古代の海岸線。

石切

POINT 生駒山麓までが海岸線だったことを証明してくれる植物を見ることができるエリアだ。大阪平野が一望でき、かつての河内湾を想像するにはいい場所である。

❶新生駒トンネルを抜けると奈良になる。

大阪難波駅から近鉄奈良線で石切駅へ向かおうと思う。電車は生駒山の麓にある瓢箪《ひょうたん》山《やま》駅を過ぎると緩やかなカーブを描き、山麓の勾配を上って行く。ここからの車窓風景はすばらしく、標高が上がっていくにつれて大阪平野がどんどん広がっていき、石切駅手前でその風景がピークになる。

石切駅の標高は約１１０メートルで、その手前の額田《ぬかた》駅が標高約70メートル、もう一つ手前の枚岡《ひらおか》駅が約50メートル、さらに一つ手前の瓢箪山駅が約10メートルと、数分間に約１００メートルを一気に上って行くのだ。石切駅の先はすぐに**新生駒トンネル**❶になるが、奈良側の標高が約１５０ｍになるため、大阪側もそれに合わせて標高の高い場所にトンネルの入口をつくったのである。

さて、石切駅の北入口に着いた。左（南西）に行くと石切劔箭《いしきりやつるぎ》神社の参道になるが、右（北東）方面を歩いていくことにする。道路と並行に駐輪場が続くが、ここはかつて線路が敷かれていた場所❷で、この先に昔のトンネルがあるのだ。

❷駐輪場や住宅はかつての線路跡である。

❸大阪平野が一望できあべのハルカスや。大阪都心部のビル群が見える。

少し歩くと、西側の景色が急に開ける場所❸が現れる。大阪都心部のビル群が遙か向こうに見える絶景で、すぐ下が急崖になっているため遮るものがなく、傾斜地に建つ家々の屋根や外壁の色がカラフルで、S字カーブの道路が景観のアクセントになっている。さらに進むと、直進する道と坂道に分かれるので坂道を進んでいくことにする。右側に建ち並ぶ新しい住宅地は線路跡に建てられたものだろう。その延長線上にある柵で囲われた広場が**旧生駒トンネルと孔舎衛坂《くさえざか》駅跡**❹である。脇道を進むとかつての駅のホームとその先にトンネルが見える。ホームの横には鳥居があり、丘の上には白龍大神が祀られており、東大阪線生駒トンネルの貫通石なども設置されている。

旧生駒トンネルは、複線広軌式軌道としては日本で初めての本格的なトンネルで、近代産業遺産としてとても貴重である。工事は明治44年（1911）に着工され、大正3年（1914）に開通、全長約3・3キロのトンネル内部はレンガ造になっている。

工事は大阪側の西口と奈良側の東口の両方から掘り進められたが、西口では地質の変化が激しく大量の湧水があり、困難な工事が続いたようである。生駒山地の大部分は花崗岩でできているが、西口は断層が直下にあり、内部には破砕帯が広がっていたことが予想されるので、それにぶち当たったのかもしれない。

全体の3分の2程度まで工事が進んだ時、東口坑道内で大規模な崩落があり、148名もの作業員が生埋めになる事故が発生した。昼夜を問わず決死の救出作業が行われ、129名が救出されたが、19名は助けることができなかった。尊い犠牲のうえに完成したトンネルであったことをここでも記しておきたい。

坂道を下っていくと水が流れる音がしてきた。道路に沿って流れる**日下川**❺は、とて

❹旧生駒トンネルと孔舎衛坂駅跡は、かつての駅の痕跡をよく残している。

❺サワガニやカワニナなどが生息する清流の日下川。

❻左手前の植物がヒトモトススキである。

もきれいな水が流れている。ホタルの幼虫の餌でもあるカワニナもたくさん生息しており、シーズンにはホタルが舞うそうだ。

日下川に沿って進み、小さな橋を渡ると、奥に日下新池が現れる。ここには大正時代から昭和初期にかけて日下遊園地があり、その後、療養施設の**孔《く》舎《さ》衛《か》健康道場**❼があった。太宰治の「パンドラの匣」は、この地が舞台になっているという。

水辺にはヒトモトススキが生息しており、**天然記念物 日下のヒトモトススキの碑**❽がある。本来は海岸に生えるもので、海から離れた場所に生息するのは珍しく、この地がかつての海岸線であったことを示す証拠になっている植物だ。縄文時代は生駒山地の麓が河内湾の海岸線であった。その時代に、この辺りではヒトモトススキが多く生息していたのだろう。

❽天然記念物日下のヒトモトススキの碑。

❼孔舎衛健康道場の一部が残っている。

河内

28

HIRAKATA

宿場町と丘の上の聖域。枚方

POINT 枚方宿として有名なエリアだが、背後にあるクワガタのアゴの形のような地形が興味深い。古墳時代の豪族や秀吉も認めた要害地である。

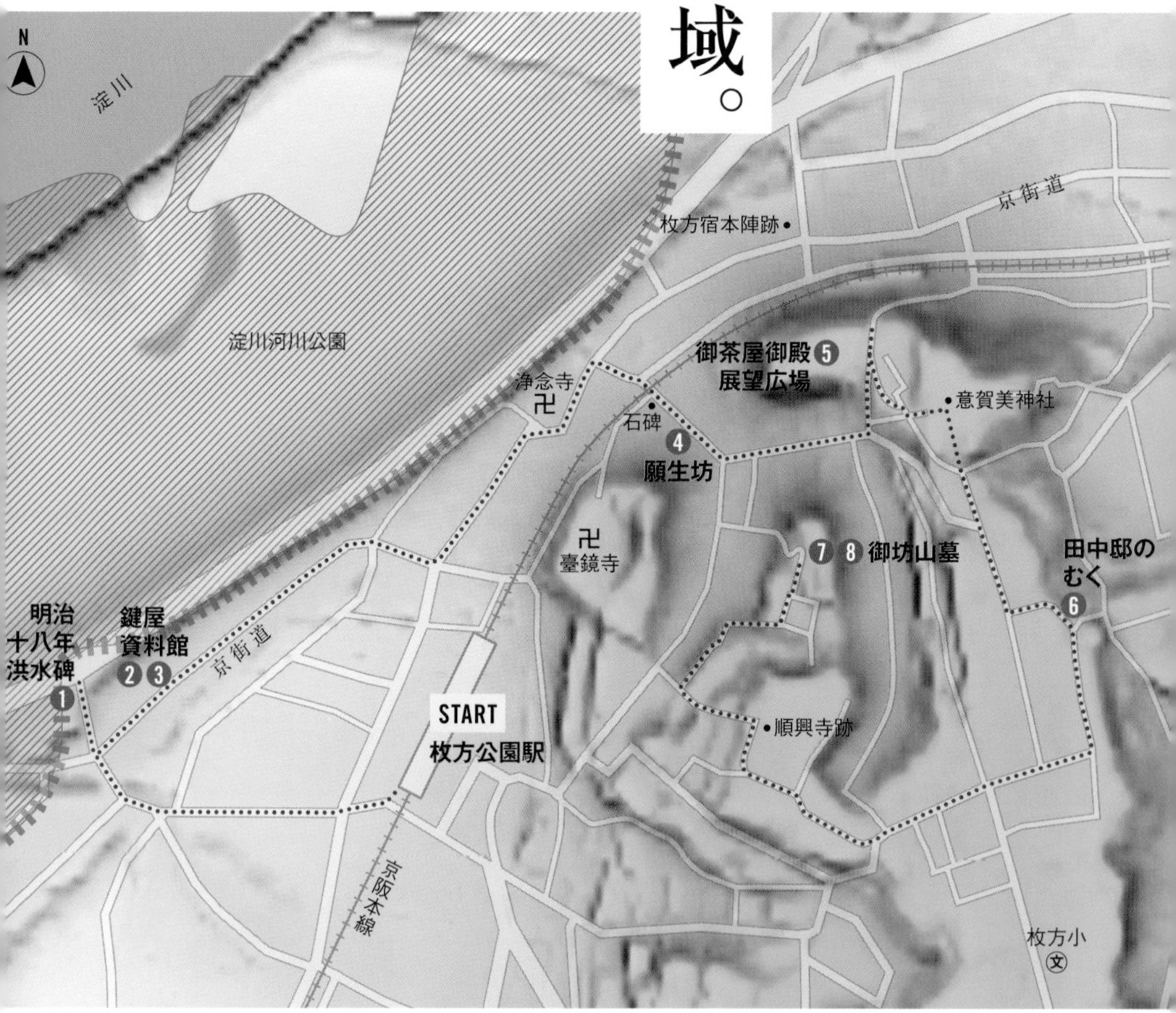

明治中頃までの淀川の流路　明治中期までの堤防

江戸時代、枚方宿は東海道の56番目の宿場町とされ、京街道が淀川に沿って通っていたこともあり、京都と大坂の中間に位置する水陸交通の要衝として栄えた。宿場町の背後には特徴的な凹凸地形があり、それらをたどりながら町のなりたちを探し歩きたいと思う。

京阪本線枚方公園駅から東側にある淀川の堤防まで歩いていくと、堤防の上を通る府道13号線沿いに巨大な**明治十八年洪水碑**❶がある。明治18年（1885）6月に発生した大雨により、このあたりから下流に向けて数百メートルの範囲で堤防が決壊し、北河内から大阪市街まで約7万戸が浸水し、27万人以上が被災するなど甚大な被害をもたらした「伊加賀《いかが》切れ」の場所である。

当時の淀川は大きく蛇行しており、決壊した場所は水流による負荷が大きくかかる地点であったと思われ、この大洪水がきっかけで、淀川改修の機運が高まっていったのだ。府道13号線が通る堤防や河川敷はその後につくられたもので、江戸時代は川沿いに建物が

❷堤防上から見た鍵屋資料館。

❸堤防が低かった頃の鍵屋の模型（市立枚方宿鍵屋資料館）。

❶堤防決壊の場所付近にある明治十八年淀川洪水碑。

並び、その中には船着場がある宿もあったようだ。

鍵屋資料館❷は、元は宿場町にあった料理旅館で、館内の模型❸を見ると、船着場と建物との関係がよくわかる。

旧街道を道なりに進み、かつての枚方寺内町へ向かおう。浄念寺を過ぎた最初の筋を右折し踏切を渡ると、右手に「蓮如上人御旧蹟旧名 順興寺 谷御坊」と刻まれた石碑があり、その先に**願生坊**《がんしょうぼう》❹という寺がある。

願生坊は、浄土真宗中興の祖として知られる蓮如上人が創建し、末子である実従が住職を務めた「枚方御坊」こと順興寺の流れを汲んだ寺だ。かつての順興寺は丘の上にあり、寺内町は蔵之谷・上町・下町の3町で構成されていた。急峻な崖と谷で構成された寺内町は、淀川に向かって左右の丘が突き出たクワガタのアゴの形のような地形をした要害地でもあったのだ。石碑にある谷御坊はこの地形からきているのだろう。

風情ある小道を進むと意賀美《おかみ》神社の鳥居が現れ、坂道を上っていくと見晴らしのいい高台にたどり着く。宿場町と淀川が一望できるこの**展望広場**❺には、かつて御茶屋御殿があり、豊臣秀吉が幾度となく訪れたという。

近年、広場の工事中に石棺が発見され、ここに古墳があったことがわかった。隣地の梅林でも、明治時代に粘土槨や銅鏡8面が出土しており、4世紀頃に築造された古墳があったようだ。淀川流域の水上交通を支配していた豪族の墓であったとも考えられ、この見晴らしのいい丘一帯は古代人の聖域であったのかもしれない。

意賀美神社南側の大きな屋敷と民家との間に路地があり、そこを進んでいくと目の前に巨樹が現れる。**田中邸のむく**❻と呼ばれる大木は樹齢600～700年と言われてい

❹前に石橋がある願生坊の山門。

❺中央に見える公園は枚方宿の三矢本陣跡になる。

る。田中家は約1300年続いた河内鋳物師《いもじ》の旧家で、鋳物工場と主屋は旧田中家鋳物民俗資料館として枚方市藤阪天神町に移築保存されている。ムクノキの葉は、鋳物製品を磨くのに適しており、鋳物師があるところムクノキありと言われることがあるようだ。

さて、かつて順興寺があったと思われる高台に向かうことにする。現在は住宅地になっておりその痕跡は皆無だが、東西に谷があり、南側は崖で、要害地であったことを感じさせてくれる地形だ。

舌状に延びる丘の先端部は、三方が急峻な崖に囲まれ、**御坊山墓**❼と名付けられていることから、丘全体を御坊山と呼んでいたのだろう。先端部には灯台のごとく背の高い石灯篭と、実従の墓とされる宝篋印塔《ほうきょういんとう》❽が祀られている。

丘の先端に立つと、左右から寺内町を守るように突き出た丘の森が見渡せ、その間から淀川と対岸の山々が見える。ここは枚方寺内町の中心点であり、さまざまな力が集まってくる場所に思えてならない。

❼谷の対岸から見た御坊山、左手は意賀美神社の森。

❽御坊山の先端にある実従上人の墓。左右に見える竹林は、クワガタ形の丘の先端部だ。

❻冬場の葉を落とした田中邸のむく。

29

KATANO HOSHIDA

星降る物語の舞台を訪ねて。

交野 星田

POINT 隕石が落ちた場所だと伝わる馬蹄形の地形をめぐりながら、山頂部にある巨石やマサ化した地質などを観察するのもいい。

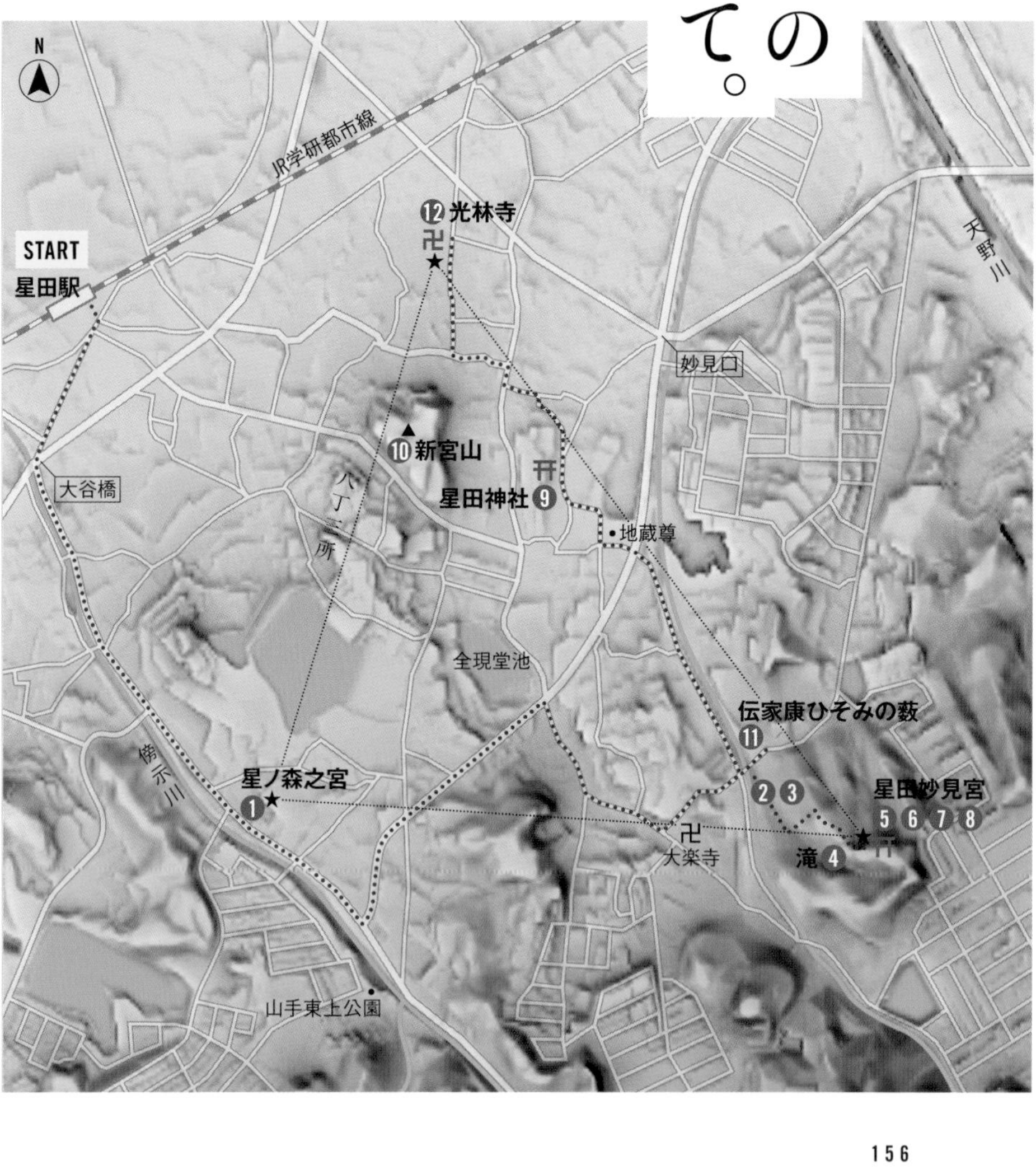

❷笹飾りが賑やかな七夕祭の星田妙見宮参道。

交野市星田は、その名が示すとおり星にまつわる伝説が残るエリアである。中でも有名なのが「八丁三所」の降星伝説だ。それらをたどりながら、星田の魅力を探っていきたいと思う。

JR星田駅を下車し、近くを流れる傍示川《ほうじがわ》沿いを上流に向かっていくと、広場に星型のモニュメントが現れ、道路を挟んだ向かい側に**星の森之宮**❶という神社跡を見つけることができるだろう。境内の中央には石が祀られている。この場所は平安時代の初め、嵯峨天皇の時代に、弘法大師が生駒山地中腹にある獅子窟寺の岩屋で修行をされていた時、七曜星（北斗七星）が降り、三つに分かれて落ちたと伝わる場所の一つである。

星の森と妙見山、光林寺の3ヶ所が星の霊場とされ、それぞれの距離が約8丁（900メートル）であることから八丁三所と呼ばれるようになった。傍示川の傍示とは、境界を意味することから、当時は集落の外れのひっそりとした森だったのかもしれない。

星田妙見宮の鳥居にたどり着き、深

❸参道に設置されている隕石落下の解説板。

❶星ノ森之宮を整備した時に磐座として祀られた石。

い森の奥に続く参道❷を歩いて行くことにする。普段はひっそりとした参道だが、七夕祭の時は色とりどりの笹飾りで華やかで、多くの参拝者が訪れる。参道沿いの案内板❸には、弘仁7年（816）、この場所に隕石が落下し、山の大部分が吹き飛ばされ、馬蹄形になったことが記されていたが、地形図を見ると確かに馬蹄形のような形をしている。

その馬蹄形の中心部に進んでいくと正面に**滝**❹が現れた。案内板には隕石落下地点が滝壺だと記している。滝の前に立ち振り返ると、周囲が急峻な崖に囲まれている場所であることに気づくだろう。まさに馬蹄形の中心部にいるのだ。学術的にこの地を調査した記録はないと思うが、ここに隕石が落ちた時のことを想像してみるのもいいだろう。

さて、手水舎を左に行くと急な斜面を登る石段が続く。息を切らせて上ること数分で社務所が見えてきた。さらに石段を上った山頂部に**星田妙見宮の本殿**❺が鎮座している。本殿の左奥の塀の向こうに花崗岩の巨石❻❼があるが、「織女石《たなばたせき》」とも呼ばれる御神体で、八丁三所の一つだ。本殿前❽からは河内平野が見通せ、正面には六甲山と北摂山地の稜線が見え、社務所前からは京都との境にある天王山と男山がよく見える。

ところで、なぜ妙見宮の山頂に巨石があるのかおわかりだろうか。妙見宮がある地域一帯の地質は花崗岩で構成されている。花崗岩とは地下深くでマグマがゆっくり冷えて固まった岩石で、冷えて固まる時や地殻変動等で地上に隆起してくる間に、節理と呼ばれる亀裂が入る。その亀裂に水や空気が進入すると、花崗岩を構成する長石や雲母、石英などの膨張・収縮の差異によって結合力が弱まりバラバラになる。

これを「マサ化」というが、風化していない芯の部分はコアストーンとして角が丸い状態で残る。雨風によりマサ化した部分が流されると、未風化のコアストーンだけが残

❹隕石落下地点とされ、えぐられたような地形になっている登龍の滝。

❺石段を上りようやくたどり着いた社務所からさらに上に本殿がある。

❻星田妙見宮の御神体とされる花崗岩の巨石。織女石（たなばたせき）という。

❾旧星田村の山側に位置し、星田神社の前と裏にも大きな池がある。

❼御神体の巨石の裏にも複数の巨石がある。

❽本殿前からは六甲山や北摂山地が見える。

⓫徳川家康が潜んだと伝わる竹藪。

❿新宮山は大坂夏の陣の歳、家康が最初に陣を置いたとされる高台。

るのだ。妙見宮の山頂には複数の巨石があるが、それらはすべてコアストーンなのである。

最後の霊場である光林寺に向かうために旧星田村の集落に入っていくことにする。旧家の蔵や塀によって見通しが利かないくねくね道を進んでいくと、開けた場所の一段高い所に**星田神社**⑨が鎮座していた。

地図を見るとその背後に小丘があることがわかるが、大坂夏の陣の時に、徳川家康が京都を出て最初に陣を敷いたのが、その**新宮山**⑩だという。また、近くには本能寺の変の時に、身の危険を感じた家康が村人によってかくまわれたとされる**伝家康ひそみの藪**⑪が残っている。村の長が握り飯を提供し、山城方面へ出るための道案内をしたといい、家康と縁のある地域だったことがうかがえる。

旧集落を進み、角を曲がった場所に光林寺の山門が現れた。正面の本堂の手前には立派な老松があり、芝生が敷き詰められた境内の奥に入っていくと鳥居があり、一段高い場所に大きな石⑫が祀られていた。この石が、八丁三所の三つ目の石である。

星田は水田の耕作ができない地質であったことから「乾し田」であったが、降星伝説や七夕伝説と重なり、いつしか「星田」の字が当てられたという。また、地図外になるが近隣には天棚機比売大神《あまのたなばたひめおおかみ》を祀った機物《はたもの》神社⑬があり、養蚕・機織の技術を持った渡来氏族が居住した地域でもあった。七夕伝説と隕石、さらに平安時代の貴族が詠んだロマンチックな和歌など、星にまつわるさまざまなストーリーが折り重なって今に伝わっているのかもしれない。

⑫光林寺境内に、天から降臨したとされる七曜星の石が祀られている。

⑬七夕祭には境内が笹飾りでいっぱいになる機物神社。

日蓮宗
妙見山
法華寺

北摂

豊中市立第一中学校西側の坂道だ（P172）。この高低差は縄文海進で波に削られた海食崖の痕跡であろう。北摂は背後に北摂山地の大自然が広がっており、ピクニック気分で地形散歩を楽しめる場所が点在している。崖の縁《へり》を歩けば、きっと疑問にぶち当たりいろいろ調べたくなるかもしれない。

「天下分け目」の地の地形。
大山崎

POINT 江戸時代の国境や旧街道、古戦場などをたどる面白さと、谷間から湧き水が流れてくる自然豊かな環境の両方が楽しめるエリアである。

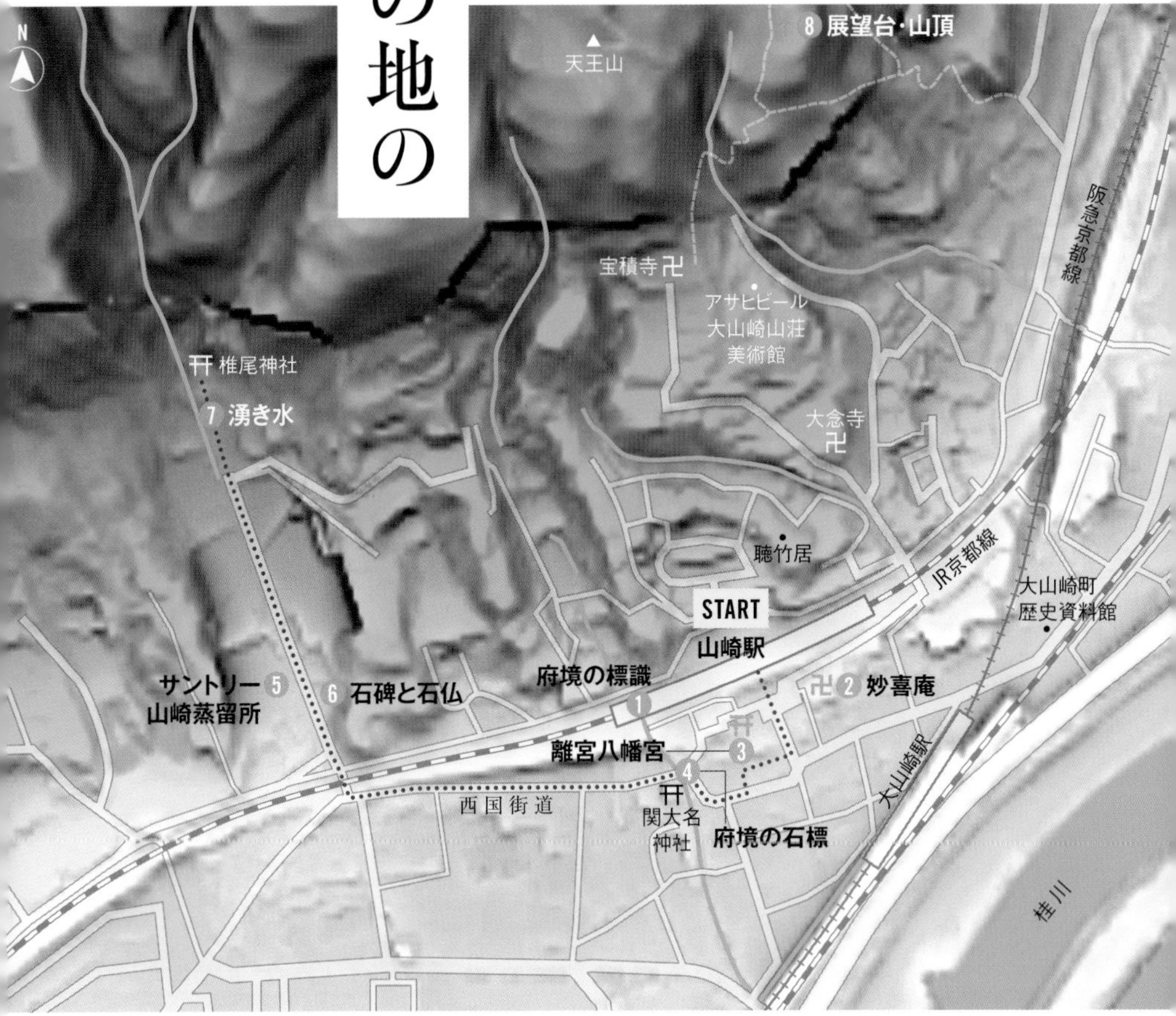

JR京都線山崎駅は、大阪府と京都府の府境にあり、駅舎は木造平屋建てでどこか懐かしさを漂わせる駅である。ホーム上に**府境の標識**❶があり鉄道マニアにはよく知られた場所である。

駅を出ると背後に山が迫っていることに気づくが、それは「天下分け目の戦い」で広く知れ渡っている天王山だ。古戦場でもあり、国産のウイスキー発祥の地・山崎の地形を歩いてみたいと思う。

山崎駅前広場の左手には**妙喜庵**《みょうきあん》❷という寺がある。国宝の茶室・待庵《たいあん》があることで知られ、山崎の合戦後に、秀吉が山崎城に千利休を招きつくらせた茶室を移築したものだと言われている。見学には予約が必要だが一見の価値がある。

駅前の道を進むと広い道路にさしかかる。この道が西国街道である。右角に離宮八幡宮の提灯を備えた立派な門があるので入っていくことにしよう。創建が貞観元年（859）と1150年以上の歴史がある**離宮八幡宮**❸は、荏胡麻《えごま》油発祥の地として有名で、かつては油の専売特許を持ち大いに栄えた。創建当初は、石清水八幡宮を名乗っており、男山の石清水八幡宮の元社にあたるという。

離宮という名は、この地に嵯峨天皇の離宮である河陽《かや》離宮があったところからきているが、離宮を転用して山城国の国府が置かれた場所でもある。国府とは政務を執る施設が置かれていた都市のことで、この地は政治の中心地でもあったのだ。

さらに時代を遡ると、離宮ができる前には古代山陽道の山崎駅が置かれ、すぐ近くには淀川の川港である山崎津《やまさきのつ》があった。奈良時代の高僧・行基によって架けられた山崎橋がすぐ近くにあったという。山崎津は、奈良時代から平安時代にかけてにぎわい、大阪

❶ホームの下には人が通れる府境の水路がありそれをたどるのも面白い。

❷秀吉が天王山に城を築いた際、利休に作らせたとされる茶室を移築したのが待庵である。

湾から荷物を積載した船はこの地から陸路で長岡京や平安京へ運ばれていったのだ。

西国街道を進んで二つ目の角にさしかかると、「従是《これより》東山城國」と記された**大きな石標**④が現れる。そのすぐ横に小川が流れているが、この水路が山城国と摂津国の国境であり、現在は大阪府と京都府の府境になっている。隣接する関大明神社は、平安時代にあった関所の名残であるといわれている。

④西国街道にある山城国と摂津国との境界線。隣接する関大明神社は、関所が置かれていたことが名前の由来になっている。

西国街道をしばらく進むと、右手に踏切があり、山に向かって真っすぐに延びる道が見える。踏切を渡りながら下をのぞくと、山の方から清流が流れてくる水路に気づくだろう。レンガ色の建物が建ち並ぶこの場所は、サントリーの**山崎蒸溜所**⑤だ。

サントリーの創業者鳥井信治郎は、当時、誰も手をつけなかった本格的な国産ウイスキーづくりという難事業に立ち向かうことを決意。ウイスキーづくりの理想郷を求めて全国を捜し歩いてたどり着いたのが、山崎の地である。良質な水が得られることはもちろんのこと、天王山と男山

⑥工場の真ん中を通る道は、かつてこの地にあった西観音寺の参道である。

③嵯峨天皇の離宮である「河陽宮」跡地に創建された神社なので離宮八幡宮とされる。

⑤ウイスキーづくりの理想郷は、今も谷間から水がこんこんと湧き出している。

に挟まれた狭隘部に、桂川、宇治川、木津川が合流する独特の地形は湿度が高くウイスキーの熟成に最適な自然環境であったからだという。

　直線道路の右手に石灯籠と石仏が目に留まるが、石碑には**西観音寺閻魔堂址**⑥と記されている。さらに進んでいくと、正面に椎尾神社の鳥居が見えてくる。

　この地にはかつて西観音寺があったが、明治時代に行われた神仏分離令により西観音寺は廃寺となり、その跡に鎮座したのが椎尾神社である。神社の両側は深い森で、その谷間が参道になっている。西観音寺の名残であろう石橋の下を、谷間からの**湧き水**⑦が参道に沿って流れていく。

　天王山の山頂には合戦後に秀吉によって築かれた**山崎城の痕跡**⑧が残っている。山頂までは急峻な坂道が続くので、健脚に自信のある方は足を延ばしてみるのもいいだろう。途中に秀吉の天下取り物語を解説した案内板が複数設置されているので、歴史をたどりながら歩くことができる。

⑧天王山の山頂部の開けた場所は、山崎城の主郭があった場所である。

⑦谷間からは豊かな水が湧きだしている。

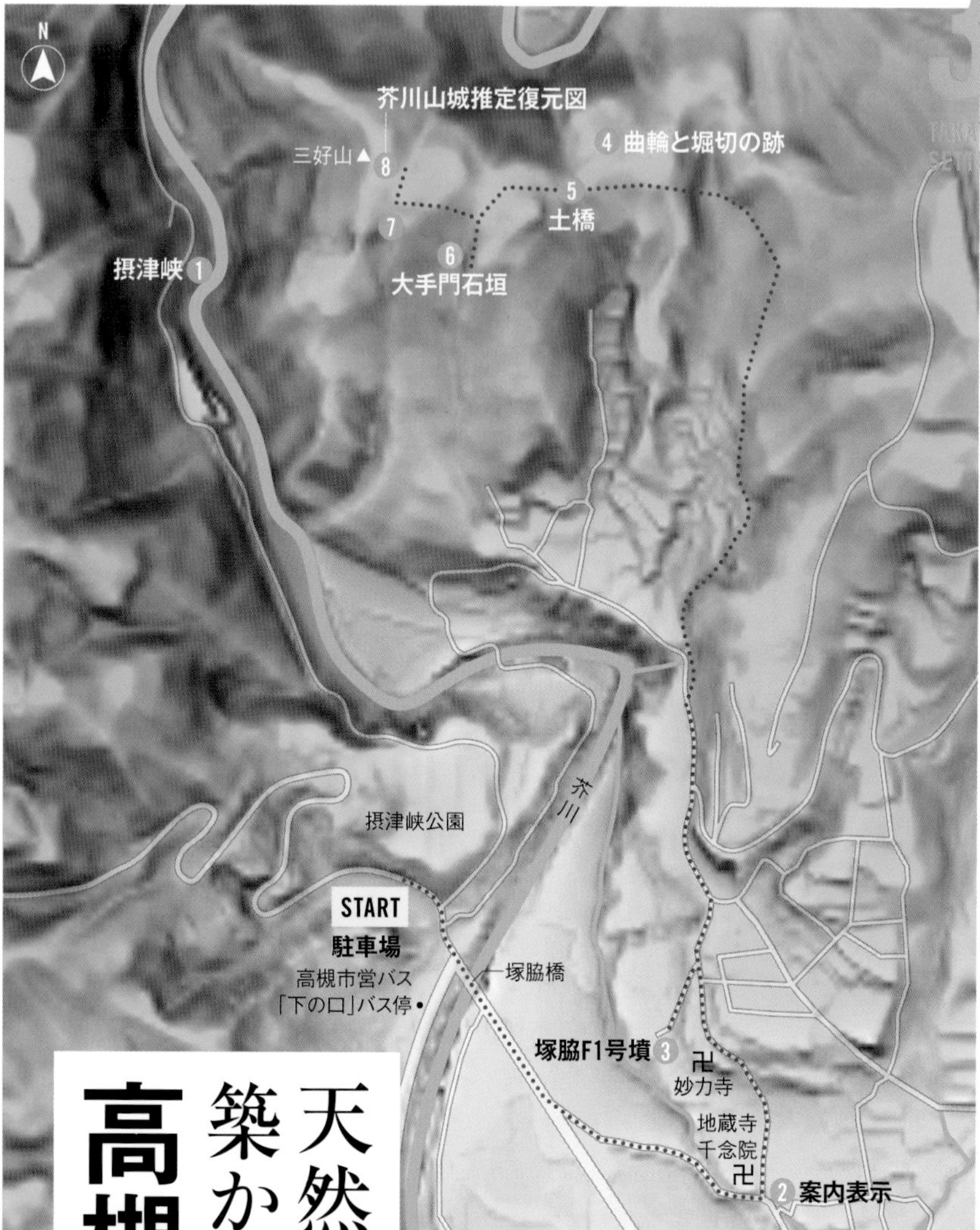

高槻 摂津峡

天然の要害に築かれた山城。

POINT　城郭ファンでない限り山城跡を歩くことはないと思うが、初心者でも比較的歩きやすい場所で、曲輪や土橋などの痕跡がよく残っている。

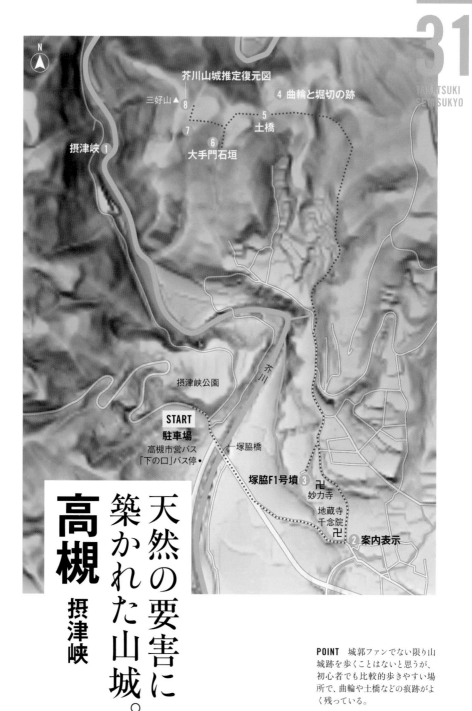

❶摂津峡は、奇岩や巨石が独特の景観をつくっている。

高槻の名勝・**摂津峡**❶は、約4キロに渡って続く渓谷に、立岩や屏風岩、八畳岩などの巨岩・奇岩が連続し、険しい断崖や美しい白滝などがある風光明媚な場所である。都心に近くて大自然が味わえ、夏には清流で川遊びができることもあり、子どもから大人まで楽しめる行楽地として人気が高い。

さて、今回は摂津峡の左岸にあたる三好山山頂部の芥川《あくたがわ》山城跡をたどってみたいと思う。芥川山城とは、戦国時代の武将・三好長慶《ながよし》の居城で、生駒山地にある飯盛山城と合わせて畿内を治めていた。三好長慶の評価は織田信長らに隠れて高くはないが、信長が天下統一を目指して躍進していた時代に、阿波・讃岐・淡路・摂津・河内・和泉・播磨・山城・丹波、大和、若狭までをも治め、最初の天下人ともいわれる戦国武将である。

摂津峡公園の駐車場から、塚脇橋を渡り、塚脇の集落に入っていく道を進むと地蔵寺千念院がある。その角に三好山への**案内表示**❷があるので、そこを左折して北へ延びる細い道を進んでいく。緩やかなのぼり坂をしばらく進

❸かつては円墳だったといわれる塚脇F1号墳。

❷ここをまっすぐ進めば三好山（芥川山城跡）にたどり着く。

むと竹林が現れ、妙力寺と塚脇F1号墳の案内看板が現れたので、ちょっと寄り道をしてみよう。

下り坂の先に石室がむき出しになった**塚脇F1号墳**❸が現れる。この古墳は直径約20メートルの円墳だったようで、古墳時代後期のものだ。周辺には塚脇古墳群として約50基もの古墳が点在しており、その中でも最大のものであるという。

この地域一帯は、かつて服部郷とも呼ばれ、古代機織りの手工業集団が居住していた地域であり、その機織り技術の指導者の墓ではないかと考えられているようだ。

再び竹藪沿いの道を進んでいくと、右手に山道に入っていく登山道が現れ、三好山への案内板が現れる。ここから道はアスファルトから土に変わるが、比較的整備されており歩きやすい。段々畑を横目に歩いていくのだが、集落に近い下の方では田植えの準備が始まっており、かつては谷の傾斜を利用した棚田だったのだろうか。

しばらく歩くと、井戸跡があり、自然石を積んだ石垣が現れるが、これらは近世以降のものかもしれない。竹やぶの中を通る細い道を進んでいくと、右方に何やら人工的に掘られた場所が現れる。

手書きの表示板には曲輪群と書かれており、**曲輪と堀切の跡**❹のようだ。どうやらいつの間にか芥川山城の城内に入っていたようである。左方の傾斜地には堅土塁と呼ばれる高まりがはっきりと残っており、これも案内板がないと見逃してしまうところだった。

さらに進むと**細い土橋**❺があり、その先の少し開けた場所に「史跡城山城跡」と刻まれた小さな石柱がある。左方には急な谷道が続いており、すぐ下に**大手門石垣**❻がある。谷をせき止めるように設置された石垣は、一部は崩れているが、戦国時代の山城として

❹土塁や曲輪跡と思われる痕跡がよく残っている。

❺谷を埋めてつくられたと思われる土橋。

⑦主郭部に向かう道の途中の眺望が開けた場所。向こうに見える生駒山地には飯盛山城が見えたのだろう。

は、珍しい立派なものである。

山頂を目指しさらに進むと、眺望が開けた場所⑦にたどり着く。周りの雑木が伐採されとても気持ちがいい場所で、そこからの眺めは、遙か生駒山地まで一望できる。すぐ後ろの高台が三好山の山頂部で芥川山城の主郭部に当たる。

山頂には小さな祠と、三好長慶の肖像を描いた案内板が設置されており、そこには天文22年（1553）に、三好長慶が芥川山城へ入り、約7年間に渡り在城していたことなどが記されていた。山頂にある祠は三好長慶が祀られているようだ。

芥川山城推定復元図⑧には、天然の要害である地形を巧みに活かした城郭であることがわかり、主郭部には立派な御殿もあったようである。山城というと雑木で鬱蒼とした場所が多いのだが、ここはよく整備されており、何より眺望がすばらしく、ハイキングを兼ねて地形を楽しむにはいい場所である。

⑧現地に設置されている芥川山城推定復元図。

⑥谷地形の最上部に残る巨大な大手石垣の痕跡。

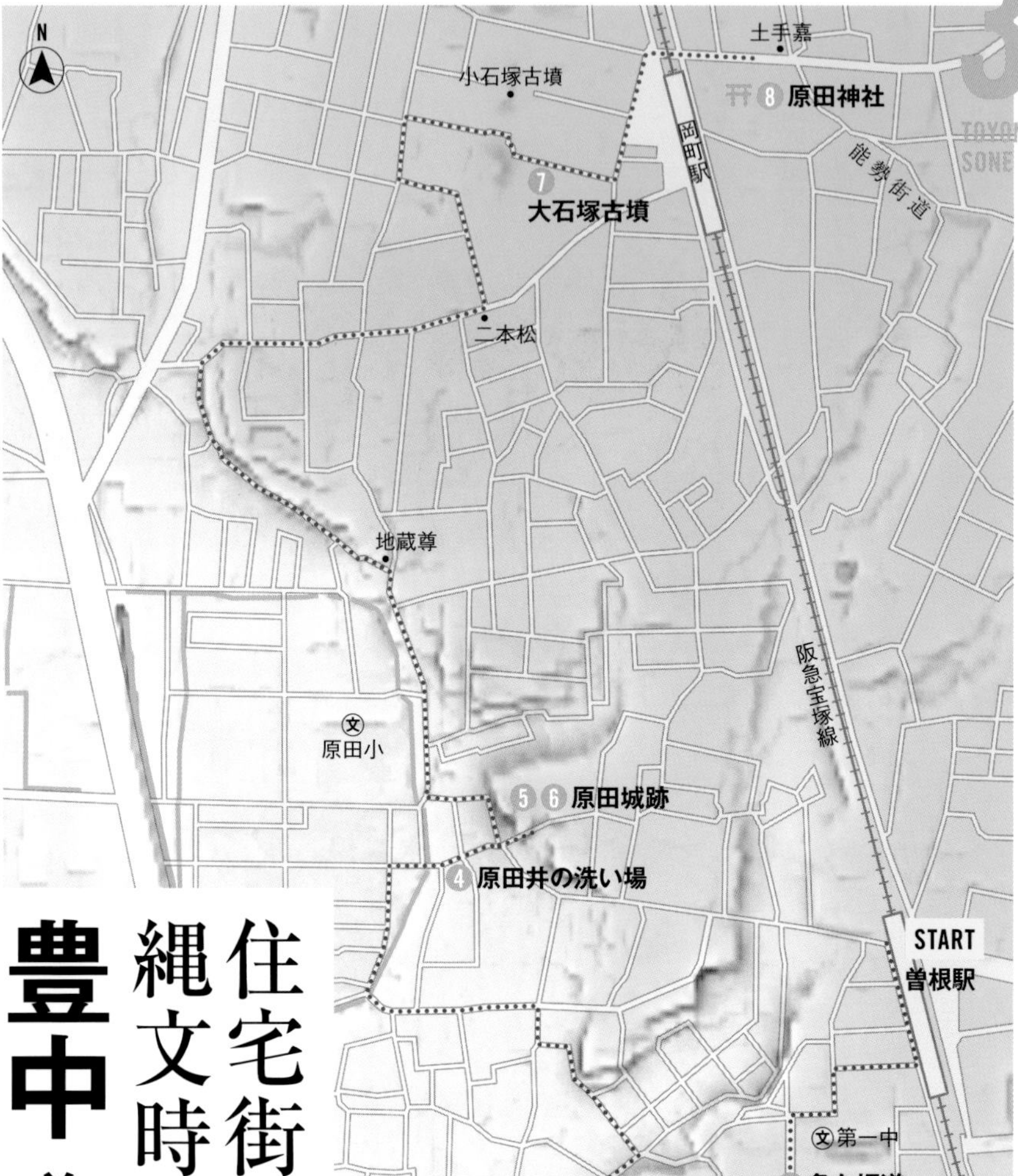

豊中 曽根

住宅街に残る縄文時代の海岸線。

POINT 豊中台地の西と南の崖線は起伏に富み高低差の地形が独特の景観を作り出している。古墳や古城があるなど歴史的にも興味深いエリアである。

約6000年前の縄文時代、海水面が現在よりも数メートル高くなる縄文海進（P21）と呼ばれる気象現象が起き、大阪平野の大部分が海の底に沈んだ時期があった。その海水域の北端が曽根の辺りだと考えられている。今回は当時の痕跡をたどりながら、豊中台地と低地とのへりをたどっていきたいと思う。

阪急宝塚線曽根駅を下車し、豊中市立第一中学校の西側の道路を南に進んで行くと**急な坂道**❶が現れる。両サイドには高低差約6メートルの擁壁が続き、このラインに沿って崖が東西に続いていることがわかるだろう。

この崖線が縄文海進の海岸線で、波によって削られた海食崖《かいしょくがい》の痕跡だと考えられている。坂道を下りて、北西に進んでいくと再び高低差が現れ、1本の背の高い**松の木**❷が迎えてくれるが、この松は豊中市の保存樹で、かつては崖に沿って松並木が続いていたのかもしれない。

台地の突端にある**法華寺**❸の周りを高低差に沿って歩き、四つ角を北西に進んでいく。この道は旧曽根村と旧原田村を結んでいた旧道だ。

❷斜面がコンクリートで固められているが、かつての崖風景が想像できそうだ。

❶第一中学校の西側の坂道は縄文海進の痕跡と思われる。

❸法華寺は台地の突端部に位置し山門は道から約7mも高い場所にある。

❺台風の被害により外側があらわになった原田城の土塁。

しばらく道なりに進み、少し広い四つ角を西に進むと、緩やかにカーブするところで水路があることに気づくだろう。

この水路は「久名井」とも「原田井」とも呼ばれ、江戸時代は周辺の九ヶ村を結んでいた用水路だ。水路が続く方向に歩いていくと、「原田井の洗い場」という解説板が現れる❹。水路内に石段があり、かつては村の人達がここで野菜などを洗っていたのだろう。当時は水量も多く、きれいな水が流れていたと思われる。

そこから緩やかな坂道をのぼっていくと、立派な石積みの擁壁が現れ、案内板には記念物（史跡）**原田城跡**❺とある。原田城は原田・曽根一帯を治めていた土豪・原田氏の居城で、小高い丘の上にあり、一辺約45メートルの主郭部の周囲には堀を巡らし、内側には土塁を築いていたという。織田信長に謀反を起こした荒木村重の伊丹有岡城を落とすための前線基地の一つでもあったようだ。

敷地内には土塁の一部❻が残っており、その上に立つと見晴らしがよかっ

❻住宅地の中によくぞこのような立派な土塁が残ったものだと驚く。

❹石段は洗い場跡で、流れる水は村人の生活用水として永く利用されていた。

たのだろうと想像が膨らむ。西側の崖を下から眺めるのも見どころの一つだ。

さて、しばらく台地のへリに沿って歩いていくことにする。途中で地蔵尊が目印の二股道があるのでそれを左に進み、崖沿いをたどっていくが、西側に広大な猪名川の氾濫原が広がっていることをイメージしてみるのも地形散歩の楽しみ方である。

少し大きな道を右折し、緩やかな坂道を進んでいくと大きな松の木が見えてくる。民家の敷地内にある2本の松は、昔から目印だったのだろうか。玄関前に二本松の石柱が立つ。

すぐに左折すると突き当たりに森が見えてくるが、それが**大石塚古墳**⑦と小石塚古墳だ。さらに進むと二つの古墳に挟まれたクランクした道にたどり着く。これらはともに4世紀頃に築造された前方後円墳で、かつてはこの辺りまで原田神社の神域であったという。

岡町駅の東側にある**原田神社**⑧の創建は奈良時代以前にさかのぼるとも言われ、江戸時代、社地内で銅鐸が2口見つかっている。このことから、原田神社周辺は弥生時代から祭祀が行われていた神聖な場所だったことがうかがえるのだ。古墳を築造した豪族と弥生時代に祭祀を行っていた村人との繋がりは不明だが、神聖なエリアは継承されていくのかもしれない。

岡町は能勢街道沿いの門前町として栄えていったが、街道沿いにある土手嘉《どてか》といううどん屋は、街道がにぎわっていた江戸時代から続く老舗店だ。最後はここに立ち寄って疲れを癒すのもいいだろう。

⑦大石塚古墳の後円部で推定径48m、高さ6m、全長は90mもある。

⑧原田神社は東西に点在する桜塚古墳群の中央部にあり、創建も古墳時代に遡るという。

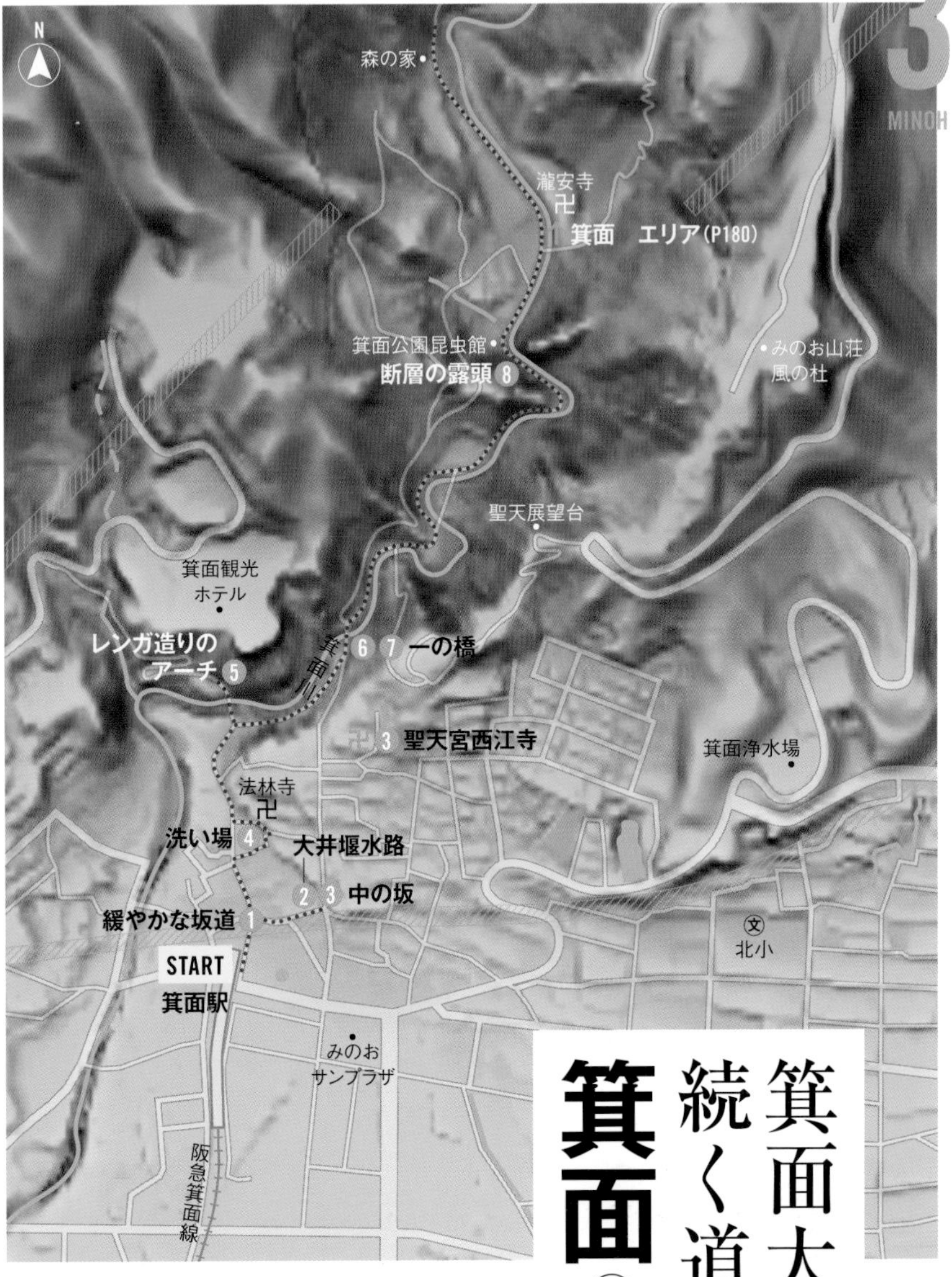

五月丘断層・分岐断層

箕面①
箕面大滝へと続く道。

POINT 駅からまっすぐ滝道に向かう前に、周辺をうろうろすると箕面川の水を生活に利用していた痕跡が随所に残っている。

❸かつてはこの坂道が瀧安寺などへ向かうメインストリートだった。

箕面大滝は大阪市内からのアクセスも良く、近場の観光地として昔から人気が高い。夏は涼を求め、秋は紅葉狩りなど、年齢に関係なく訪れる人を楽しませてくれる場所である。

しかし、２０１７年10月に襲った台風の被害は甚大で、滝道は通行止めとなり、復旧に1年以上もかかった。工事が難航したのは、被害が大きかった場所が急峻な崖であったことと、大型の重機が入れない道の狭さもあるだろう。大滝まで続くV字谷は、地質とも深く関わっている。それらを観察しながら、2回に分けて滝道を歩いてみたいと思う。

阪急箕面駅の改札を出た駅前広場にある交番と丸型ポストのあたりから**緩やかな坂道**❶が始まる。ここには有馬—高槻断層帯に含まれる五月丘断層が通っており、この断層を境とし、土地が隆起して箕面の山々は形成されている。

滝道を進む前に、その断層に沿った道を右（東）に進んでいくと、立派な旧家の片隅に分水施設である**大井堰水**

❷大井堰水路は地域の人々の共同の洗い場であったという。

❶駅前広場は東海自然歩道西の起点でもある。

路❷があるので寄り道してみる。箕面川から取水し民家の下を通って流れてきた水は、ここで分水され周辺4ヶ村へ流されていた。ここは箕面街道と萱野道が交差する場所でもあり、水路の脇には古い道標がある。

中の坂❸と呼ばれる坂の上には、聖天宮西江寺があるが、役行者によって658年に開山され、日本最初の歓喜天霊場としたのがはじまりだという。江戸時代の『摂津名所図会』には大きな一の鳥居が描かれており、この道が大滝へ向かうメインストリートだったのだろう。

駅前に戻り、滝道を進んでいくことにする。土産物屋で揚げたてを実演し販売している「もみじの天ぷら」や、夏に訪れると、あっちこっちから虫籠に入れられたキリギリスが「ギー、ギー、チョン」と鳴いている風景は、今も昔も変わらず懐かしく感じる。

少し進むと水の音が聞こえてきたが、左下の水路にきれいな水が流れている。反対側の細い道に入っていき旧家の角を曲がると、急に開けた場所が現れ、水路の横に四角く区切られた流れる水を溜める**洗い場**❹が現れた。昔はここで野菜などを洗っていたのかもしれない。この水は先ほどの大井堰水路へ繋がっているようだが、生活の中に川の水をうまく取り入れていたことがわかる。

滝道に戻ると、正面の山の中腹に巨大な箕面観光ホテルが現れる。この場所は、阪急電鉄の前身である箕面有馬電気軌道が開通した時（明治43年・1910）、創業者・小林一三氏の発案で開園した箕面動物園の跡地である。エレベーター乗り場横の石段の上には、獣舎跡である**レンガ造りのアーチ**❺が見える。

さらに進むと**一の橋**❻が現れる。橋のたもとには**橋本亭**❼という旅館跡の建物があっ

❹ここも地域の人々の共同の洗い場だったのだろう。

❺山の斜面に穴を掘ったレンガ造りのアーチ。

⑧断層の露頭が観察できる貴重な場所である。

たが、2016年に起きた土砂災害の被害を受け解体されてしまった。橋の背後には急崖が露わになっているが、泥岩と思われる岩肌に凹凸が少なく、薄く堆積した土壌は、滑り落ちやすい状態だったのかもしれない。

しばらく歩きU字道を曲がると、前方に箕面公園昆虫館が見えてくるが、その手前に野村泊月《はくげつ》句碑がある。その後ろの岩は、**断層の露頭**⑧が観察できる貴重な場所なのだ。落石防止ネット越しに断層破砕帯と断層粘土を見ることができるが、それらは断層運動により両側の岩石が細かく砕かれたものだ。ここは、有馬高槻断層帯の一部で、五月丘断層の支線にあたる箕面断層が箕面川を横切ったところにできたものだといわれている。割れ目には崩れた石が溜まり粘土層などを確認しづらいが、崩れているものが破砕帯の一部でもあるのだろう。川の流れはこの地点で90度角度を変えるが、これも断層運動によって曲げられた痕跡なのだろう。

⑥一の橋と橋本亭の裏にあった急峻な崖。

⑦在りし日の橋本亭。現在は新しい橋本亭が再建されている。

34

MINOH OOTAKI

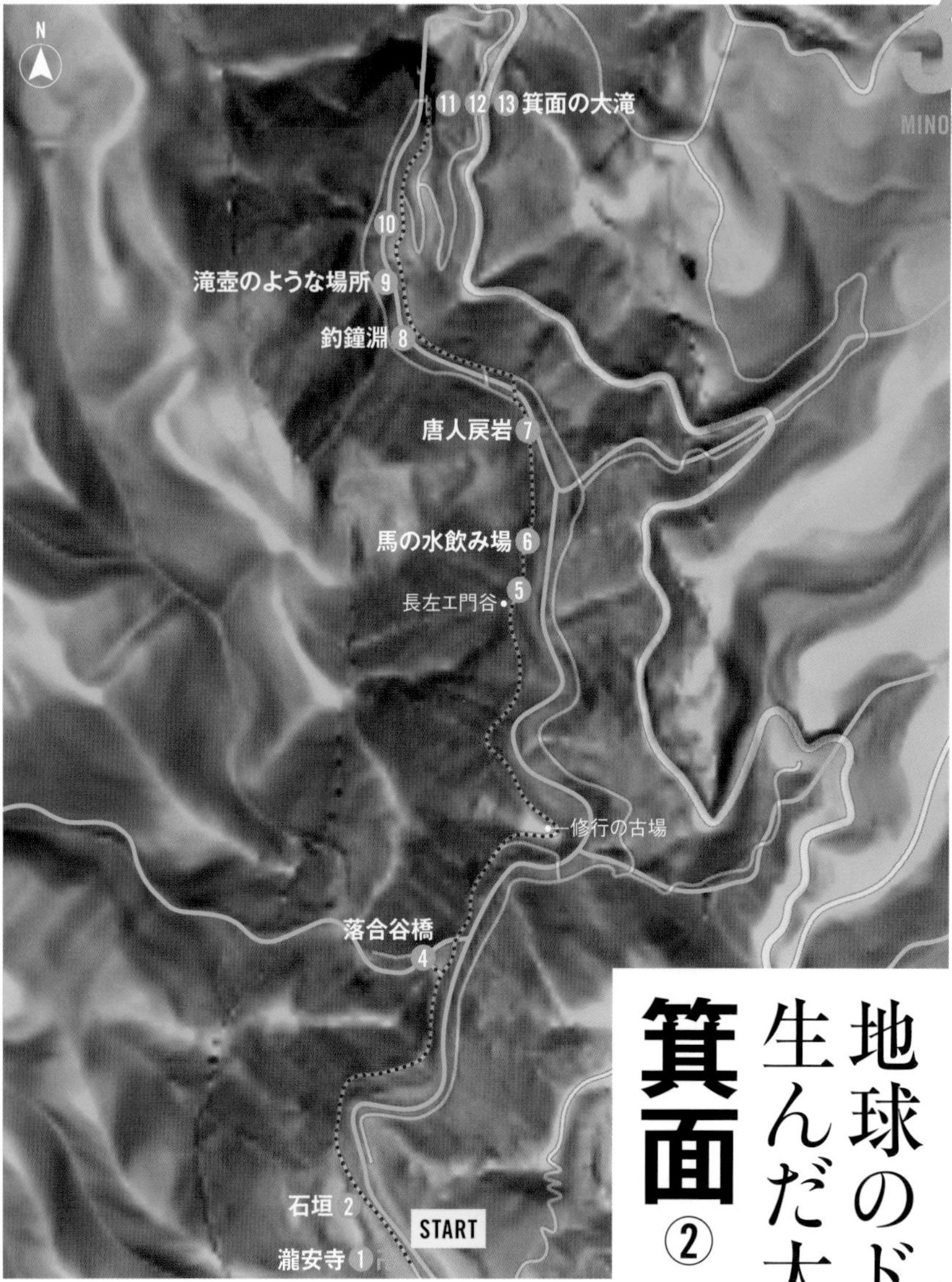

地球のドラマが生んだ大滝。

箕面② 箕面大滝

POINT 箕面の大滝に近づいて行くにつれて岩が大きく荒々しく散乱している様子がうかがえる。かつての滝壺跡を探しながら歩くのも面白いだろう。

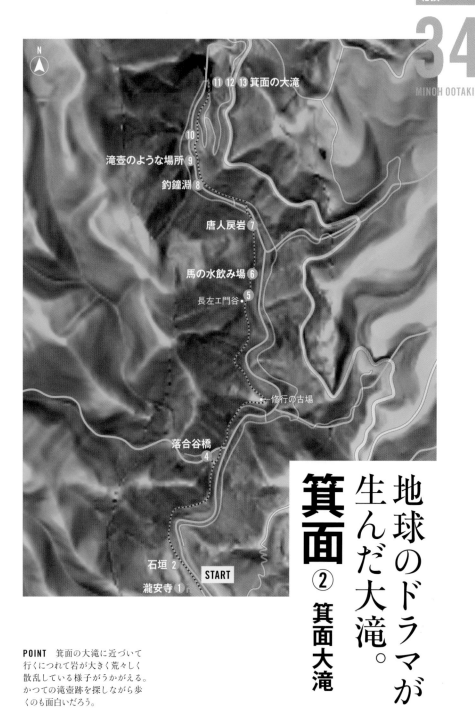

❶薄暗い滝道を進み急に開けた場所にある瀧安寺。

箕面の滝道は自然を満喫するために歩くのもいいが、地形や地質に着目して歩くと面白い。今回は**瀧安寺**《りゅうあんじ》❶から大滝まで、大滝のなりたちをひも解きながら歩いていこうと思う。

瀧安寺は日本最初で最古の弁財天を祀り、修験道の根本道場として信仰を集めている古刹である。広い境内で目立つのは、高低差のある斜面を補強している**石垣**❷だ。石の大きさはどれも両腕で抱えるほどで、前を流れる箕面川の河原から運ばれてきたものだろう。

箕面川は随所に堰が設置され、土砂災害などの対策が施されているが、初夏にはホタルが飛び交い、オオサンショウウオが生息するなど豊かな自然環境が残る河川である。滝道を進みながら地形に目をやると、両側から山々が迫ったV字谷であることがよくわかる。V字谷とは、山間を流れる水の流れが、川岸の岩や山肌を削ってできた地形で、川沿いには大小の岩が転がっており、谷壁斜面は不安定で落石を繰り返していることに気づく。

❸滝道には崩れた場所が随所にあり、岩がもろい証拠でもある。

❷自然石を積み上げた石垣に圧倒される。

滝道沿いの斜面には、落石防止の金網ネットが張ってあるが、ところどころに崩れた跡❸を見つけることができる。崩れた石は鋭く尖り、剥がれ落ちたよう形をしている。箕面の山一帯は、丹波帯と呼ばれる地質で、頁岩を主体として砂岩やチャートなどで構成されている。頁岩は堆積岩の一種で、薄く層状に割れやすい性質を持っており、もろい岩の証拠でもあるのだ。

しばらく歩くと左手にトンネルが現れるので、それを抜けてみる。すると**落合谷という名の橋**❹があり、そこから上流と下流を眺めると、両側に急峻な崖が迫り、荒々しい深い峡谷の中に迷い込んだ感覚に陥る。滝道もかつてはこのような険しい峡谷だったのだろう。トンネルは幅が狭い尾根の先端部を掘って造られているので、尾根の両側の地形が観察できる面白い場所でもある。

修行の古場休憩所を過ぎ、しばらく歩くと、何本もの木々が崖から滑り落ち、川に倒れている場所に出くわした。頭上の斜面にも倒木が残っていたが、これらは2017年に大きな被害をもたらした**台風の爪痕**❺だ。私は子供のころから数えられないほど滝道を歩いているが、こんな光景を見るのは初めてである。記録として写真を残しておきたい。

この辺りは長左エ門谷といい、道の片隅に湧き水を溜める設備跡が残っている。滝道を観光用の馬車が通っていた頃の**馬の水飲み場**❻だという。岩の隙間には、運が良ければサワガニを見つけることができ、頭上の斜面には野生の鹿を見かけることがある。訪れた日は、運よく2頭の鹿を見ることができた。

巨石が滝道にせり出している**唐人戻岩**《とうじんもどりいわ》❼は、その昔、この付近が山深く険阻なころ、

❹落合谷は険阻な谷で、かつての滝道の雰囲気を味わうことができる。

❺復旧が進んだ滝道だが、川の下までは手が付けられていない。

❼唐人戻岩は、滝が近づいた目印の岩でもある。

❽釣鐘淵に滝が落ちていた頃の地形をイメージしてみる。

❻滝道には湧水がところどころにあるが、それを利用した馬車馬の水飲み場であった。

唐の貴人が大滝の評判を聞きこの巨岩まで来たが、あまりの険しさに引き返したという伝説が残る岩である。

橋を越え少し行くと**釣鐘淵**❽が現れる。深くえぐられた淵は、滝壺の痕跡だとも言われており、水深もありそうだ。さらに進むとまた**滝壺のような場所**❾が現れた。箕面の大滝は有史以前から河川の浸食により岩が削られ、滝の位置を後退させながら❿、現在の場所で止まったと考えられている。滝道をずっと登ってきたが、ところどころで岩がもろく崩れている場所にでくわした。それらは、丹波帯といわれる堆積岩類で構成されており、粘板岩・頁岩・砂岩などを主体とした岩石だ。これらは比較的もろい性質をしており、川の流れなどにより山肌は削られて滝はどんどん川上に進んでいった。現在、大滝の背後にある岩は、緑色岩といい玄武岩の一種で、硬い岩石だ。滝の後退はこの硬い岩石の場所で止まったのである。

狭い曲がり角にある茶店を過ぎると向こうに箕面の大滝が見えた。落差約33メートルの迫力ある姿は「日本の滝百選」にも選ばれており、大滝の右側には垂直にそそり立つ巨大な**岩山**⓫がある。滝の背後の岩は、ここで滝の後退を食い止めた**緑色岩**⓬だ。大きな滝壺の周りには、**崩れた巨石が散乱**⓭しており、滝が後退を繰り返し、ここで止まった様子がうかがえる。

北摂山地は、50万年前頃から急激に隆起した六甲変動によって、六甲山や生駒山などと同時期にできたと考えられる。最初の滝は箕面駅近くの一の橋の辺りにできたのかもしれない。地球規模の壮大な浸食作用のドラマが箕面の滝道で繰り返されていたのである。

❾大きな滝壺跡だ。かなり高い場所から水が落ちていたのだろうか。

❿大滝のすぐ下流になるが、滝壺が並んでいるようにも見える。

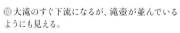

⑪奥の岩肌から崩れてきたのだろうか。滝の後退により崩れた岩が散乱している。

⑬滝壺には、崩れ落ちた岩がゴロゴロと転がっている。

⑫滝の後退を止めた緑色岩。

地形さんぽをもっと楽しむヒント

地形を意識しながら街を歩くと、素朴な疑問にぶち当たることがある。その時にスマホがあるととても便利だ。さまざまな地図やアプリを利用して疑問の手掛かりを探すのだ。ここでは、私も愛用しているツールをいくつか紹介したいと思う。

GIS（地理情報システム）を活用しよう

2022年から高等学校において「地理総合」が新設されて必修科目となる。「地理」というとなんとなく暗記する科目のイメージがあるように思うが、「地理総合」ではは地図やGIS（地理情報システム）を活用した「主体的・対話的で深い学び」というものが求められるようになる。

簡単に言うと、生活の中で地図などを活用し、自ら課題を発見し、解決するための思考が求められるということだろう。私が地形散歩で実践していることは、まさに「この地形はなんだろう？」の連続で、その疑問に対して考え、調べて理解し、また違う場所を歩くということを繰り返している。同じようなことが教育現場でも求められるようになってきたのかもしれない。

ただし、私の場合はあくまでも地形散歩を楽しむアイテムとしてGISツールを使っている。現地での疑問や解決の糸口がそこに表示されるため、歩きながらでもさまざまなことを思考することができるのだ。

私が地形散歩の時に使うGISツールはいくつかあるが、それぞれに特徴があり、それらを使い分けている。ここでは簡単にツールの特徴などを紹介し、どのように活用しているかを記しておきたい。

パソコン編

「カシミール3D」の素敵な世界

「カシミール3D」は、私が地形歩きを始めた2012年頃に出合ったウィンドウズ用のソフトである。それまでずっとMacを使っていたが、「カシミール3D」を使うためだけにウィンドウズマシンを購入したほどで、いまだにメインのツールとしてよく利用している。

カシミール3Dは登山者向けの地図ソフトで、山の起伏などを立体的に表示し、山へ行く前のルート選定や検討するために利用されることが多かった。実際、出版されている解説書の多くは、山歩きを前提とした解説をしていると思う。

ところが、国土地理院から山歩きで求められる以上の精度の高い5mメッシュ(標高)データが無償でダウンロードできるようになった。カシミール3Dでそのデータを表示したところ、都市部の低地でも詳細な起伏が表示できるようになり、地形歩きをしていた一部のマニアから絶大な支持を得たのである。

しかも、このソフトは無料で利用できることもあり、

カシミール3Dのホームページ画面 (https://www.kashmir3d.com/)

カシミール３Ｄと５ｍメッシュ（標高）データの組み合わせは、地形歩きの世界に革命をもたらしたといっても過言でないだろう。カシミール３Ｄの機能はとても豊富なのだが、私はその一部しか利用していない。逆に言うと、地形歩きをする上では、一部だけでも十分すぎるほどの機能を備えている。

　では、具体的にどのような機能を利用しているかを記しておこう。

①標高の高さに合わせて色を変える

　カシミール３Ｄに搭載されている「パレット」機能により、標高の高さの色を自由に設定できるので、自分好みの地形図を作成することができる。

　私の場合は、海水面を数メートル高くした地形図を利用することが多い。縄文時代に海水面が高かった縄文海進の時代の海岸線をイメージして歩くことが多いからだ。

　最初から複数の設定が用意されているので、慣れてきてから自分好みの地形にしていってはいかがだろうか。私にとってカシミール３Ｄは絵を描くツールのイメージに近く、パレットはまさに絵の具箱のような存在である。

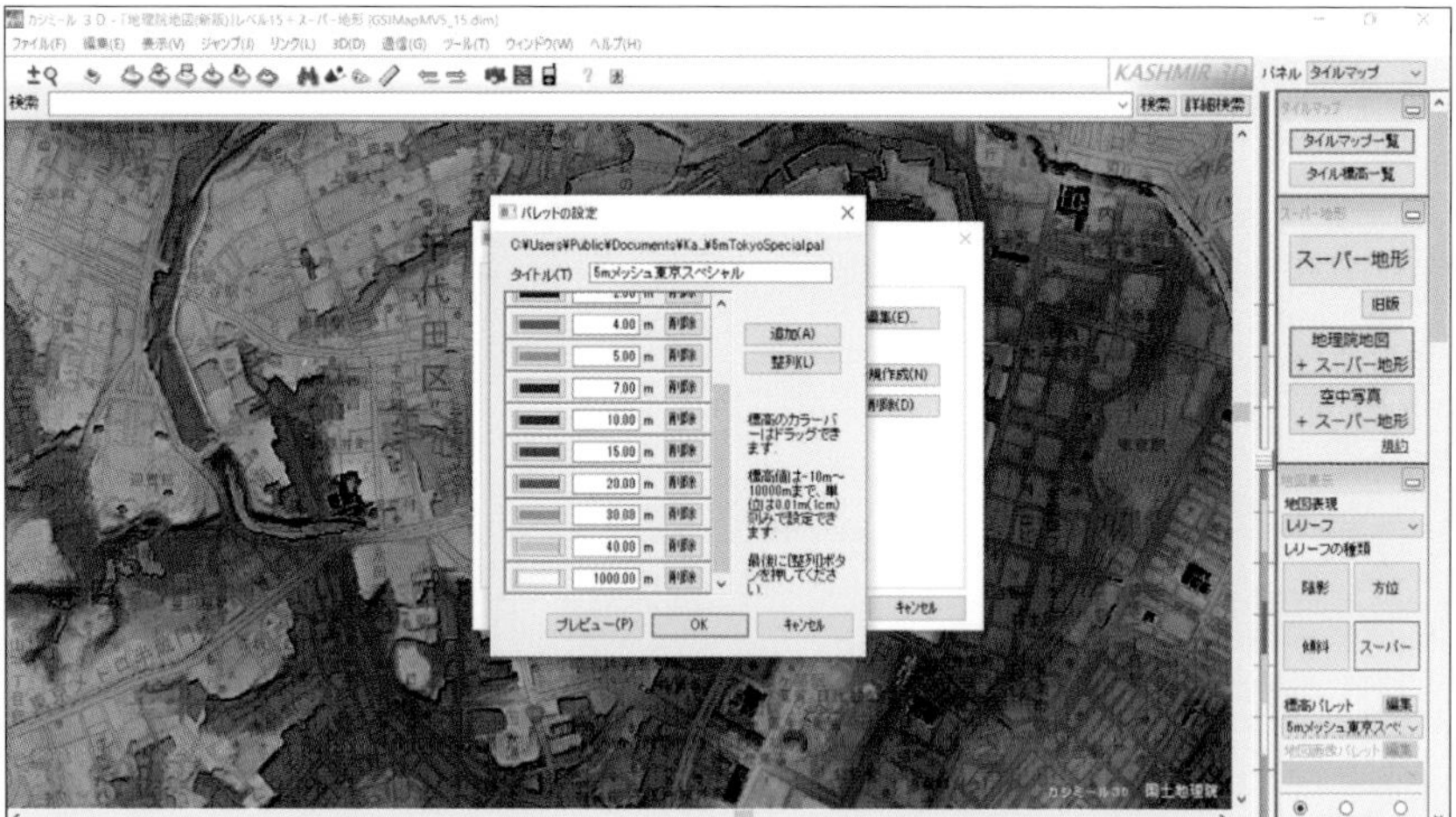

①カシミール3Dのパレット設定の画面

パレット設定では高さと色を自由に変更できるため、
オリジナルの地形図が簡単につくれる。

②今昔マップを重ねる

カシミール３Ｄの特徴の一つにプラグイン機能がある。中でも「タイルマッププラグイン」を使用すると、他の地図データとの連携が可能になるのだ。

私がよく利用するのは埼玉大学教育学部の谷謙二先生が作られている「今昔マップ」で、例えば明治時代の旧版地図を地形図上に表示することが可能になる。そのことにより、旧街道や旧村がどのような地形に位置していたがよくわかるのだ。

明治時代の旧版地図は、鉄道や道路が未整備な状態で記録されており、江戸時代の地域のつながりがよくわかる貴重な史料でもある。旧版地図と地形図との組み合わせは、地形歩きの楽しみを無限に広げてくれると私は感じている。

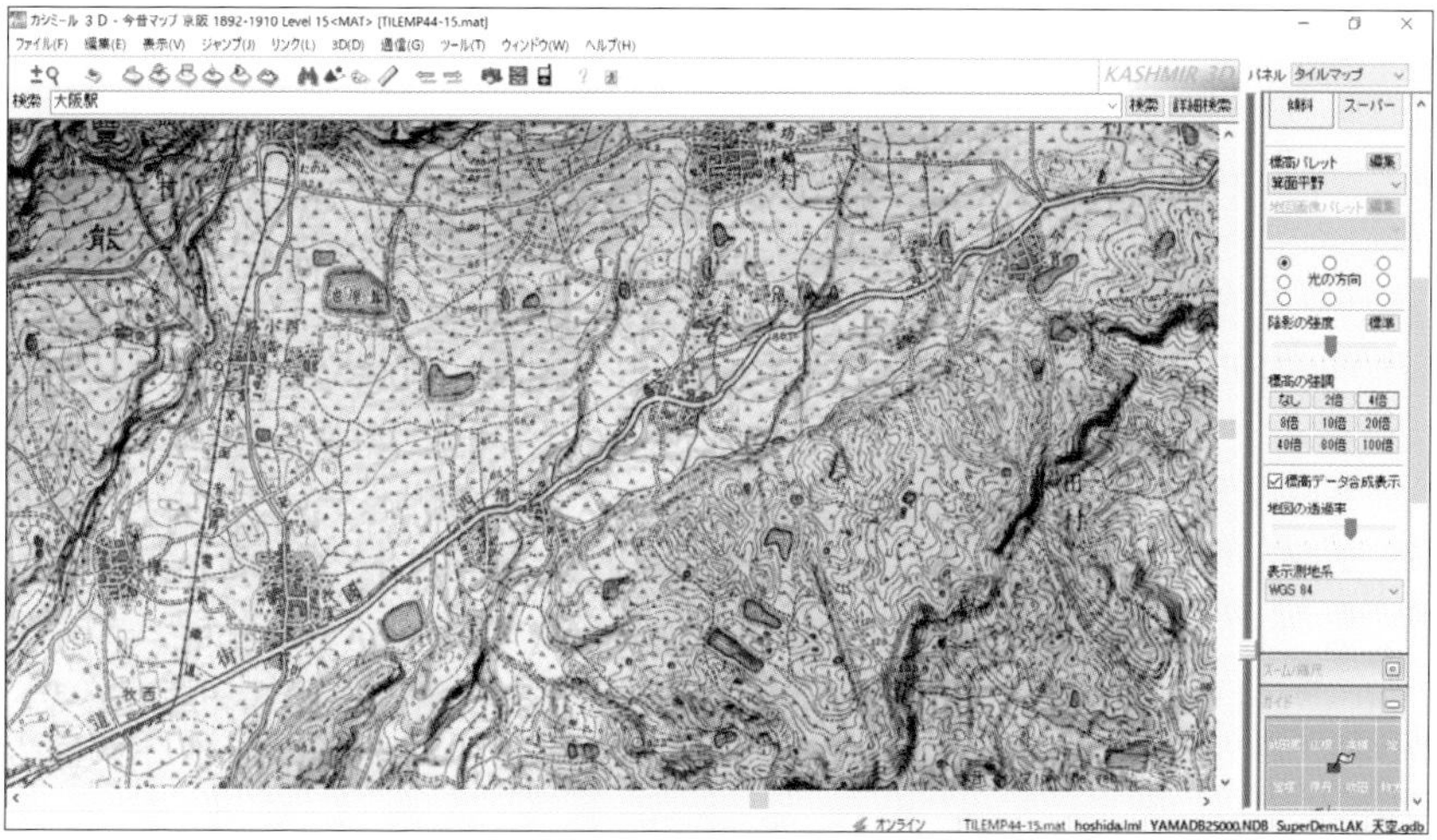

②今昔マップで箕面市萱野周辺を表示した画面

明治時代の地図と地形図を重ねると、崖地形に沿って西国街道が通っていることがわかる。

③等高線を標高データと重ねる

等高線とは、同じ高さの地点を結んだ線のことで、カシミール3Dでは1メートル以下の高低差を線で表示することもできる。等高線を表示することで、わずかな地形の変化も目で見て理解できるのだ。

下の図は大阪の茶臼山と河底池を1メートル単位の等高線で表示した地形図だが、色の濃淡だけではわかりにくい高低差が、等高線を表示することで、見事に起伏を表してくれている。

北側の山は茶臼山でくぼ地は河底池、西側の崖線は上町台地西端の崖だ。河底池は8世紀に和気清麻呂が開削した跡だとも言われている。歩くだけでは気づかない起伏の「見える化」を可能にした優れものなのだ。

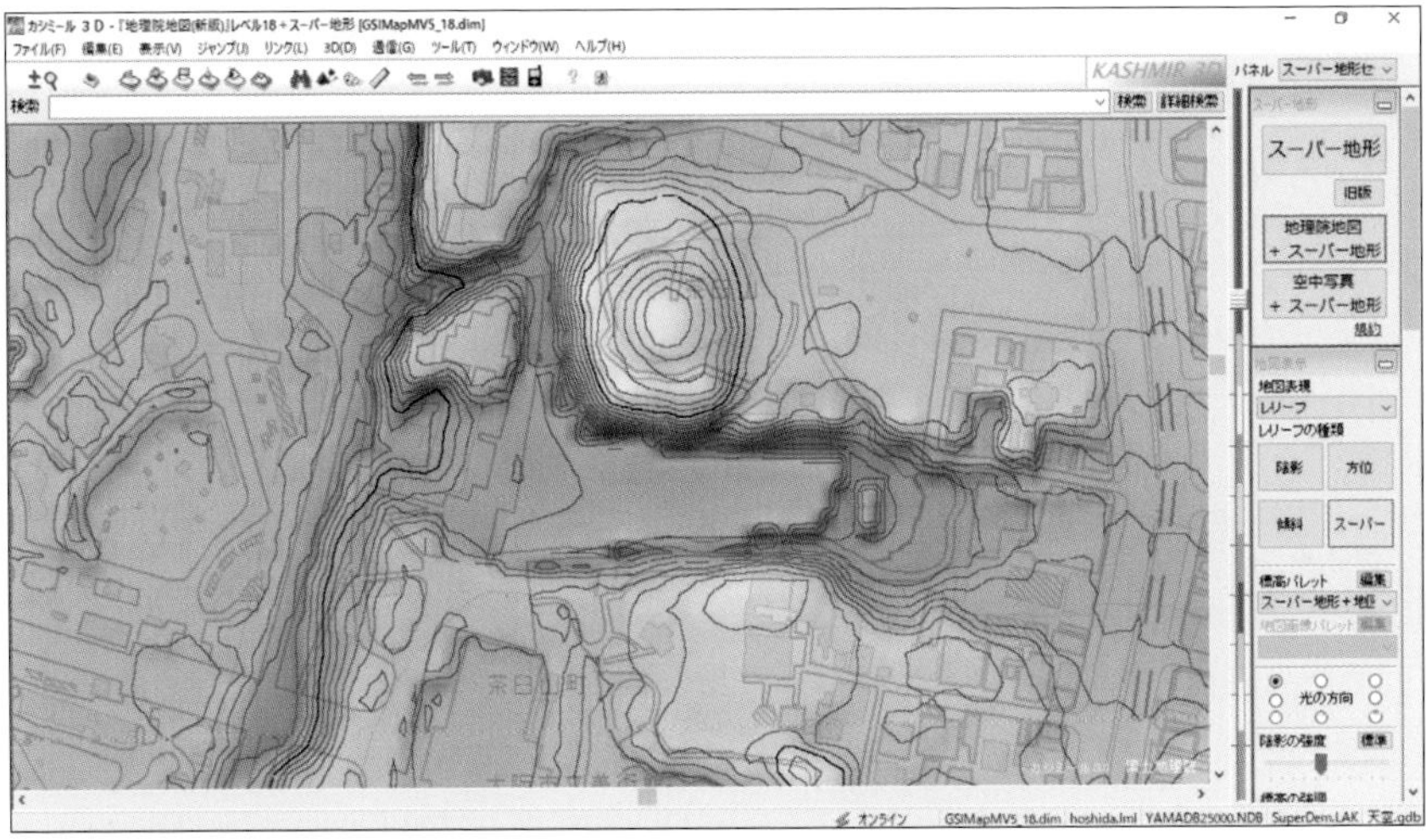

③カシミール3Dで等高線を表示した画面

天王寺の茶臼山と河底池を等高線で表示したところ。
建物が表示されないため、現地を歩いてもわからなかった地形の変化を知ることができる。

④3Dレンダリングできる「カシバード」を搭載

カシミール3Dの最大の魅力は「カシバード」だと私は思っている。カシバードとは、その名が示す通り、まさに鳥の視点で地形図を見渡すことができる機能だ。

しかも、レンダリング設定によって空や雲などを入れることができるため、風景画のような画像を作り出すことができる。パレットの色を自分好みの設定にすることで、思いもよらない風景画像を作り出してくれるのだ。

下の図は海水面が高く見えるようにパレットで色設定し、上町台地から紀淡海峡までの海岸線を表示している。埋立地を除けば、縄文海進の時代の海岸線が見えてくるようだ。

まさに私にとってはイメージ以上の絵を瞬時に描いてくれる魔法のようなツールなのである。

④カシバードでレンダリングした画像

上町台地と大阪湾、淡路島と奥に見えるのは四国の山々だ。
「カシバード」の機能をさらに使い込めば、その可能性は無限に広がっていくように思える。

スマホ編

スーパーなスマホ用アプリ「スーパー地形」

カシミール3Dはパソコン上で操作するソフトだが、これを外に持ち出せればどんなに便利だろうと、地形歩きをしている多くの人が思っていたに違いない。

誰もがスマホを持ち歩く時代に満を持して登場したスマホ用のアプリが「スーパー地形」である。有料ではあるが、これを使うことで私のフィールドワークが劇的に変わった。まさに神アプリといっても過言でないだろう。では、何がどのように便利なのか、実践での使用例をもとに解説してみたい。

外出先でスーパー地形を立ち上げると、現在の位置と地形と標高などがリアルタイムで表示される。建物などに囲まれ周囲が見通せなくても、どの方向に目指す地形があるかが把握できるのだ。

また、初めて訪れた場所で崖と遭遇した場合、「都市活断層図」を開くと、その崖が断層の影響を受けているか、地形全体が段丘面かどうかなどがわかる。フィールドワークをしていると、足元に転がる石や地層がどうい

京都・銀閣寺境内の展望所での「スーパー地形」画面

地質図と現在位置を確認。
断層と崖の関係も確認するできるためフィールドワークで学ぶことは多い。

うものかを知りたくなるが、「地質図」に切り替えると、それらがいつの時代のものかを知ることができるのだ。

くねくね道に出合った時は、「今昔マップ」に切り替えると旧道か川跡なのかがわかる。地形の断面図を知りたくなった場合は、リアルタイムで断面の形状を表示し、高低差の数値まで確認することもできるのだ。

フィールドワークをしている現場での疑問を、ある程度解決してくれるまさにスーパーなツールが「スーパー地形」なのである。

書を捨てスマホを持って町に出よう！

誰もが無料で利用できるGISに、国土地理院が提供している「地理院地図」がある。情報量が豊富なうえ、インターネットさえ繋がっていればパソコンでもスマホでもすぐに利用できるからだ。「デジタル標高地形図」や「自分で作る色別標高図」「都市圏活断層図」「地質図」なども利用できる。

中でも「年代別の写真」は、私たちが暮らしている街を上空から写真で見られるだけでなく、時代の変遷を追って移り変わりを見ることができ、大都市部では戦前や

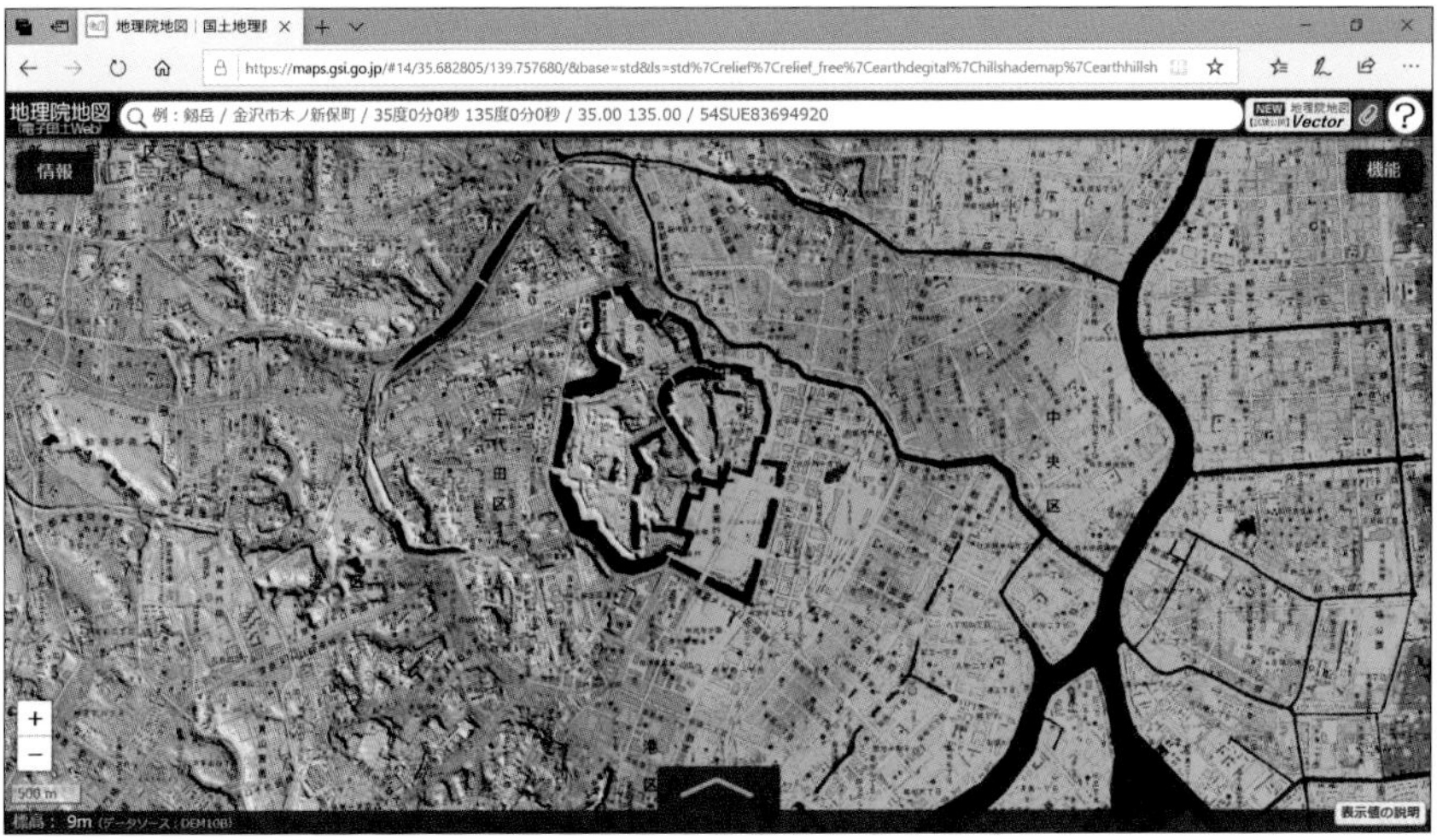

パソコンで地理院地図を表示した画面

デジタル標高地形図で皇居周辺を表示したところ。
東京が谷の多い地形であることがよくわかる。

戦後直後の航空写真まで見ることができる。地形歩きだけでなくさまざまな応用が利く貴重な資料でもある。

さらに「今昔マップ」もパソコンやスマホで利用できるため、「地理院地図」と併用して利用すると、地形歩きの可能性をさらに広げてくれるだろう。

ＧＩＳは紹介したものの他にもいくつか存在するが、まずは使ってみてほしい。地形さんぽは今からでも始められる。さあ、書を捨てスマホを持って町に出よう！

スマホで地理院地図（上）と今昔マップ（下）にアクセスした画面

「地理院地図」はアプリではないが、パソコンと同じくスマホからサイトにアクセスするだけで利用できる。「今昔マップ」もサイトにアクセスすれば利用でき、現在地を示すことができるだけでなく、歩いたコースを軌跡として残すことができるので、かつての川跡や旧道を楽しみながら巡ることができる。

参考文献

［地学・地形］

梶山彦太郎・市原実『大阪平野のおいたち』（青木書店・1986年）

市原実『大阪層群』（創元社・1993年）

日下雅義『地形からみた歴史 古代景観を復原する』（講談社学術文庫・2012年）

『アーバンクボタ No.16 特集「淀川と大阪・河内平野」』（株式会社クボタ・1978年）

藤田和夫『日本の山地形成論 地質学と地形学の間』（蒼樹書房・1983年）

鈴木隆介『建設技術者のための地形図読図入門 第2巻 低地』（1998年）

地学団体研究会大阪支部『おおさか自然史ハイキング―地質ガイド―』（創元社・1987年）

大阪地域地学研究会『地学の旅ドライブ関西』（東方出版・1995年）

地学団体研究会大阪支部『大地のおいたち―神戸・大阪・奈良・和歌山の自然と人類』（築地書館・1999年）

小出良幸『島弧―海溝系における付加体の地質学的位置づけと構成について』2012年

中沢新一『アースダイバー』（講談社・2005年）

中沢新一『大阪アースダイバー』（講談社・2012年）

［大阪の歴史］

大阪市文化財協会『なにわ考古学散歩』（学生社・２００７年）
大阪市文化財協会『大阪遺跡—出土品・遺構は語る　なにわ発掘物語—』（創元社・２００８年）
大阪文化財研究所『東アジアにおける難波宮と古代難波の国際的性格に関する総合研究』（２００６〜２００９年）
大阪文化財研究所『大阪上町台地の総合的研究　東アジア史における都市の誕生・成長・再生の一類型』（２００９〜２０１３年）
大阪文化財研究所『古墳時代における都市化の実証的比較研究—大阪上町台地・博多湾岸・奈良盆地』（２０１６〜２０１８年）
大阪歴史博物館『展示の見所４　前期難波宮』（２００３年）
大阪歴史博物館『展示の見所７　後期難波宮 大極殿』（２００４年）
大阪歴史博物館『展示の見所10　難波宮』（２００５年）
大阪歴史博物館『展示の見所13　古代難波の序章』（２００６年）
大阪歴史博物館・大阪文化財研究所『大坂　豊臣と徳川の時代：近世都市の考古学』（高志書院・２０１５年）
大阪市立博物館『特別展 大阪の町と本願寺』（毎日新聞社大阪本社・１９９６年）
大阪市立大学豊臣期大坂研究会　大澤研一　仁木宏　松尾信裕『秀吉と大坂　城と城下町』（和泉書院・２０１５年）
堺市博物館『貝塚願泉寺と泉州堺』（堺市博物館・２００７年）
近つ飛鳥博物館『考古学からみた日本の古代国家と古代文化』（２０１３年）
岡田良一『図説　大坂の陣』（創元社・１９７８年）
岡田良一『岩波グラフィックス18　大阪城』（岩波書店・１９８３年）
直木孝次郎『日本古代の氏族と国家』（吉川弘文館・２００５年）
森浩一『巨大古墳—前方後円墳の謎を解く』（草思社・１９８５年）
森浩一企画／瀬川芳則・中尾芳治『日本の古代遺跡Ⅱ　大阪中部』（保育社・１９８３年）
津田秀夫『図説　大阪府の歴史』（河出書房新社・１９９０年）
農山漁村文化協会『江戸時代　人づくり風土記　27・49ふるさとの人と知恵　大阪　大阪の歴史力』（２０００年）
小笠原好彦『難波京の風景—古代の三都を歩く—』（文英堂・１９９５年）
ルイス・フロイス（訳者／松田毅一・川崎桃太）『完訳フロイス日本史４　豊臣秀吉篇Ⅰ』（中公文庫・２０００年）
ルイス・フロイス（訳者／松田毅一・川崎桃太）『完訳フロイス日本史５　豊臣秀吉篇Ⅱ』（中公文庫・２０００年）

［市史・古典］
新修大阪市史編纂委員会『新修大阪市史 第1巻』（１９８８年）
新修大阪市史編纂委員会『新修大阪市史 第2巻』（１９８８年）
新修大阪市史編纂委員会『新修大阪市史 第3巻』（１９８９年）
大阪府史編集専門委員会『大阪府史 第1巻 古代篇Ⅰ』（１９７８年）
清水靖夫『明治前期・昭和前期 大阪都市地図』（柏書房・１９９５年）
新修神戸市史編集委員会「新修 神戸市史 歴史編1 自然・考古」１９８９年
『新編 日本古典文学全集２・日本書紀①』（小学館・１９９４年）
『新編 日本古典文学全集２・日本書紀②』（小学館・１９９６年）
『新編 日本古典文学全集１・古事記』（小学館・１９９７年）
『攝津名所圖會 巻之二 東生郡』（１７９８年）
『攝津名所圖會 巻之三 東生郡西成郡』（１７９８年）

［テレビ・SNS・小説など］
NHK『ブラタモリ』
NHKスペシャル『列島誕生ジオ・ジャパン 第1集「奇跡の島はこうして生まれた」』（２０１７年）
NHKスペシャル『列島誕生ジオ・ジャパン 第2集「奇跡の島は山国となった」』（２０１７年）
巽好幸 Twitter（@VolcanoMagma）https://twitter.com/volcanomagma
『大坂城豊臣石垣公開プロジェクト』https://www.toyotomi-ishigaki.com
有栖川有栖『幻坂』（角川文庫・２０１６年）

あとがき

中沢新一氏と初めてお会いしたのは、２０１２年の秋、心斎橋にあった「スタンダードブックストア」のイベント会場だった。『大阪アースダイバー』の出版記念のトークイベントにゲストとして参加させていただいたのだ。一人で大阪の町をアースダイビングしているブロガーとして、中沢氏に質問をするという役割である（「アースダイビング」とは、中沢新一氏の著書『アースダイバー』で提唱している町の歩き方で、縄文時代の地形図を片手にその土地の歴史やなりたちをひも解いていくこと）。

夜に行われた慰労会では、部屋の隅に座っていた私を中沢氏が前の席に来るように誘い、さまざまな話を聞かせていただくという幸運に恵まれた。その中でもっとも印象に残った言葉が「新ちゃん、大阪の地形を盛り上げてよ」だったのだ。新ちゃんと親しく呼んでくださったのは、中沢新一氏と同じ「新」がつくからである。

ちなみに、この会や出版イベントなどを仕切っていたのが、『大阪アースダイバー』の出版にも大きくかかわっていた１４０Ｂであり、トークイベントの司会進行役は、この本の編集者である大迫氏だった。

私は、翌年の２０１３年2月1日に「大阪高低差学会」を設立したのだが、活動を始めてからは、まるで人生が変わってしまった。それまでは、ＳＮＳ等で知り合う人のほとんどは大阪の人だったが、設立後は、全国の地形を楽しむ人たちとの交流が始まったのだ。そんな中で、出版のお話をいただき、２０１６年に最初の著書である『凹凸を楽しむ大阪「高低差」地形散歩』を出版することになる。するとその３ヵ月後には『ブラタモリ』の出演が決まったのだ。わずか3年間の出来事であるが、これもすべて中沢氏の「新ちゃん、大阪の地形を盛り上げてよ」の言葉から始まったわけである。

本書を出版するきっかけは、２０１７年4月から２０２０年3月まで産経新聞の紙面に毎月連載をしていた「ぶらり大阪地形さんぽ」である。連載のお話を最初にいただき、原稿のチェックなど大変お世話になった中島高幸氏と川西健士郎氏にまずは感謝の意を表したい。また、出版の機会をいただき、私のわがままに根気よく付き合ってくださった１４０Bの大迫力氏と、デザイナーの山﨑慎太郎氏、地図デザイナーの齋藤直己氏にもお礼を申し上げたい。

もし、本書を読んで高低差が気になりだしたら、まずは近所を地形視点で散歩してみてはいかがだろうか。いままで気にも留めていなかった凹凸地形を発見するかもしれない。その古層が迷宮への入口でもあるのだ。

新之介

しんのすけ／大阪高低差学会代表。１９６５年大阪市生まれ。本名は新開優介。２００７年よりブログ「十三のいま昔を歩こう」を運営し、２０１３年に大阪高低差学会を設立。地形と歴史に着目したフィールドワークを続けている。ＮＨＫ『ブラタモリ』の「大阪」「大坂城・真田丸スペシャル」の案内人。著書に『凹凸を楽しむ大阪「高低差」地形散歩』『凹凸を楽しむ大阪「高低差」地形散歩 広域編』『凹凸を楽しむ 阪神・淡路島「高低差」地形散歩』（いずれも洋泉社）。

ぶらり大阪「高低差」地形さんぽ

２０２０年11月16日　初刷発行

著者　新之介
発行人　中島 淳
発行所　株式会社１４０Ｂ
〒５３０-００４７　大阪市北区西天満２-６-８
堂島ビルヂング６０２号
電話　０６-６４８４-９６７７
振替　００９９０-５-２９９２６７
https://140b.jp/

ブックデザイン　山﨑慎太郎
地図デザイン　齋藤直己
印刷・製本　モリモト印刷株式会社

ISBN 978-4-903993-43-0